经典法式烘焙起步就成功

步骤图解·关键技法

【法】托马斯·菲乐 著

【法】艾琳·普林斯特 摄影

赵翎君 译

电子工业出版社.

Publishing House of Electronics Industry

北京·BEIJING

Ecole de la Cuisine / Patisserie Premiers Pas © Hachette-Livre (Hachette Pratique) 2014.

Simplified Chinese edition arranged through Dakai Agency Limited

This Simplified Chinese edition copyright © 2018 by Publishing House of Electronics Industry

本书简体中文版经由Hachette-Livre (Hachette Pratique)会同Dakai Agency Limited授予电子工业出版社在中国大陆出版与发行。专有出版权受法律保护。

版权贸易合同登记号　图字：01-2017-7900

图书在版编目（ＣＩＰ）数据

经典法式烘焙起步就成功：步骤图解·关键技法 /(法) 托马斯·菲乐著；赵翎君译. —北京 : 电子工业出版社, 2018.5
ISBN 978-7-121-33226-5

Ⅰ.①经… Ⅱ.①托… ②赵… Ⅲ.①烘焙－糕点加工 Ⅳ.①TS213.2

中国版本图书馆CIP数据核字(2017)第306123号

策划编辑：白　兰
责任编辑：鄂卫华
印　　刷：中国电影出版社印刷厂
装　　订：中国电影出版社印刷厂
出版发行：电子工业出版社
　　　　　北京市海淀区万寿路173信箱　　邮编：100036
开　　本：889×1194　1/16　印张：13.5　字数：302千字
版　　次：2018年5月第1版
印　　次：2018年5月第1次印刷
定　　价：88.00元

凡所购买电子工业出版社图书有缺损问题，请向购买书店调换。若书店售缺，请与本社发行部联系，联系及邮购电话：（010）88254888，88258888。

质量投诉请发邮件至zlts@phei.com.cn，盗版侵权举报请发邮件至dbqq@phei.com.cn。

本书咨询电邮：bailan@phei.com.cn 咨询电话：（010）68250802

前言

制作完美甜品的独特技巧

打发蛋白、准备一个蛋糕胚、做一个海绵蛋糕、烤酥皮、制作焦糖、果酱、搅打稀奶油……掌握了这些技巧，足以让你成功制作出所有种类的甜品！

无论是谁，只要掌握了这些关键的手法和技巧，都能成功制作出完美的甜品。

不同的制作手法，从基础到繁琐，都是可以做到的，因为在烘焙过程中你会熟悉这些手法并且在反复运用中逐渐完善。

我们常常认为甜品师是专门给内行人传授技巧和秘方的，其实我们完全想错了。烘焙没有秘密，仅仅只有两条重要的规则需要遵守：

·选择食材：在预算内，优先选择高质量的食材作为配料。黄油、巧克力、奶油……好的食材能够决定品质的不同，更能够让你获得味道最棒的甜点。

·耐心：在制作甜点的过程中，每当进行下一步骤前，常常需要我们等待很长的时间。比如说，如果你能将香草冰淇淋在放入冰淇淋机之前静置24小时，它会变得更加美味。因为这样，它就会很快地凝固，而且香草味道也会更容易浸入奶油中。只不过心急的我们往往忽略了这一步。

按照这本书中介绍的烘焙技巧，我们可以轻松制作甜品，并且熟练掌握。

现在你已经获得了成为完美甜品师的诀窍。打开这本书，你会进入一个愉快的芳香世界。

托马斯·菲乐

如何使用本书

图片目录

① 在每一章节的开篇都有一个图片目录，上面配有本章节中所用到的食谱和使用工具。

双页食谱

② 必备信息：准备时间、制作时间、难易度。
食谱名称和成品图片。
学习制作这道甜品的技法。

③ 食材准备清单和制作时需用到的工具和方法。

④ 制作成功的建议：烘焙技巧和主厨小窍门。
创新食谱：使用同一种制作技巧做出不一样的甜点。

双页步骤图：

⑤ 食谱名称和制作方式。

⑥ 每个重要的步骤都配有图片和具体的文字说明，从而使您能够成功地运用所有必需的方法。

图片目录

双页食谱

12 |

6人份

准备时间：20分钟 ｜ 制作时间：5分钟 ｜ 放置时间：6小时 ｜ 简单 ｜ 实惠

②

巧克力慕斯

技巧：蛋白霜

③

准备食材

制作用具

制作蛋白霜

1根香草荚
1汤匙细砂糖
4个鸡蛋

1把尖刀
1个手动打蛋器
1把大号搅拌刮刀

制作慕斯

100毫升全脂鲜牛奶
100毫升全脂液体奶油
200克黑巧克力（至少64%的可可含量）
25克软黄油

1口厚底平底锅
1个面粉筛
1个手动打蛋器

④

创新Tips
· 可以将香草荚换为1汤匙雀巢咖啡粉。
· 如果想做巧克力奶油慕斯，可依据同样的食谱但是不要加入细砂糖。

使用蛋白霜的其他甜点：
漂浮之岛

双页步骤图

⑤

⑥

14 | **巧克力慕斯** · 技巧：蛋白霜

制作香草味的糖： 将香草荚纵向剖开，用刀尖将香草籽刮出，和细砂糖混合。

准备巧克力： 在平底锅中放入牛奶、奶油和剖好的香草荚，开火加热直至沸腾。静置30分钟充分浸泡，之后再重新加热一次。

准备打发蛋白霜， 将蛋清和蛋黄分开。

在沙拉盆中，使用手动打蛋器搅打蛋白，并加入细砂糖。当其呈现紧实状态并且发亮的时候，加入蛋黄并用打蛋器继续搅打3~4秒，即成为蛋白霜。

1 2
3 4

5 6
7 8

将黑巧克力弄碎后放入沙拉盆中。通过面粉筛过滤，将之前做好的牛奶和奶油混合物倒在巧克力上。

巧克力融化后搅拌。加入切成小块的软黄油，搅拌至全部融化。

将三分之一的蛋白霜盛出来，与之前做好的巧克力用力地搅拌在一起。再将混合后的巧克力静置。这样做保巧克力在最终混合时更顺利。

将搅拌好的巧克力倒入剩余的蛋白霜中，用刮刀仔细地将盆底的巧克力以翻拌的手法彻底混合。将做好的慕斯放入冰箱中，冷藏6个小时后再品尝。

目录

Ⅰ 基础食谱

Ⅱ 不可错过的食谱

(III) # 令人惊叹的食谱

不可或缺的烘焙工具和烘焙建议

并不需要太多的工具和材料，并且这些工具和材料在超市或网店都能买到。

一些特殊且必备的工具

电子温度计：温度对于甜点的制作起到了十分重要的作用，因为有很多种食材是和鸡蛋混合制作的。当所有混合物都凝固时蛋糕才可以出炉，也就是说蛋糕的中心温度要达到85℃。当然也要保持在这个温度以下，否则你的英式蛋奶酱会变成鸡蛋羹。在温度计的帮助下，可以将温度控制在105℃，这时草莓果酱在成熟度和质感方面是最好的状态。

电子测重计：甜品师并不需要总是精确到克，而是根据经验。不过要让甜点变得更加精细，您需要一个精确的电子测重计。

裱花袋：在制作甜点时，裱花袋可以用来制作不同样式的甜品，例如圆形泡芙或者闪电泡芙，也可以做杯子蛋糕或者糖果。一个裱花袋代表了一定的精准度，建议选择一个体积大的、配有多种凹槽的垂直裱花嘴的裱花袋。

搅拌刮刀：用于当混合物从锅底倒不出来的时候，也可以用它来抹平淋面、奶油等。

蛋糕模具或者挞派模具：不同大小、不同形状的无底模具，这些被甜点师称作"套圈"。这些不锈钢套圈有高有低、有大有小，我们可以把它们直接放到烤箱的烤盘上或者锡纸上。用模具制作挞派或者蛋糕的一大优势是烘焙过程可以成为孩子们的游戏，因为他们喜欢体验将套圈取出来的乐趣。

挞派底部的工具：这些工具可以使你在烘焙的时候不用专注于你的甜点。注意，你可以用干豆子代替，但是你的挞派底部可能会被烤熟得不均匀。

其他，你还可以使用一些在日常厨房中常用的工具：**刀、制作糕点用的擀面杖、硅胶刷、面粉筛、蔬菜压泥器、削皮刀等**。

尽量选择质量好的工具，因为它们能够很便捷地辅助你成功制作出成品。

食材准备的建议、制作和保存

对待烘焙最重要的就是要有耐心。不管是在准备、制作还是保存过程中，都需要有足够的耐心，遵从时间和食谱的顺序。

通常，我们要将烘焙的温度调高。所有的挞派、蛋糕或者其他甜点都需要170℃左右的温度，这样它们的芯部才会被烘焙得柔软，并且能顺利地将其完好地取出。

对于焦糖和奶油是同样的道理：用小火加热，可以防止瞬间就被烤糊！

同样的道理，多花些时间来制作，例如，不要在烘焙的每一步都将烤箱门打开，因为烤箱需要10分钟来重新达到原有的温度。如果需要将面团静置4个小时，那么这个时间要求就是必须的。焦糖奶油在没有成型之前，必须在低于10℃的温度下放置，直到烤熟的鸡蛋凝固住。如果在这之前就将它脱离模具，奶油就会彻底地塌陷。如果你发现食谱中要求需要长时间的静置，然而你又没有那么多的时间，那么就选择制作其他款的甜品吧。

如果你将糕点放在冰箱中，一定要将它们包裹好并且避免冰箱中有其他气味太浓烈的食物：肉、鱼或者奶酪。甜点大多是用大量的鸡蛋制成的，鸡蛋容易吸纳周围的气味。

① 基础食谱

PAGE 12

巧克力慕斯
蛋白霜

PAGE 16

法式苹果挞
法式挞皮

PAGE 20

水果挞
卡仕达酱

PAGE 24

香草泡芙和巧克力泡芙
泡芙皮

PAGE 28

果酱蛋糕卷
蛋糕卷

PAGE 32

香草桂皮油酥饼干
油酥面团

PAGE 36

漂浮之岛
法式蛋白霜马林脆饼

PAGE 40

马林糖
瑞士蛋白霜

PAGE 44

巧克力奶油和咖啡冻
巧克力奶油

树莓巧克力蛋糕
松软面团

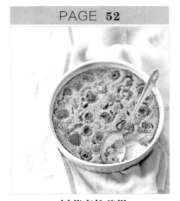

树莓克拉芙缇
克拉芙缇面团

香草焦糖烤布丁
布丁

梨海琳（西洋梨冰淇淋）
巧克力酱

石纹蛋糕
蛋糕面糊

6人份

准备时间：20分钟 l 制作时间：5分钟 l 放置时间：6小时 l 简单 l 实惠

巧克力慕斯

技巧：蛋白霜

•

准备食材

制作用具

制作蛋白霜

1根香草荚	1把尖刀
1汤匙细砂糖	1个手动打蛋器
4枚鸡蛋	1把大号搅拌刮刀

制作慕斯

100毫升全脂鲜牛奶	1口厚底平底锅
100毫升全脂液体奶油	1个面粉筛
200克黑巧克力（至少64%的可可含量）	1个手动打蛋器
25克软黄油	

创新Tips

· 可以将香草荚换为1汤匙雀巢咖啡粉。
· 如果想做巧克力奶油慕斯，可依据同样的食谱但是不要加入细砂糖。

使用蛋白霜的其他甜点：

· 漂浮之岛

制作香草味的糖：将香草荚纵向剖开，用刀尖将香草籽刮出，和细砂糖混合。

准备巧克力：在平底锅中放入牛奶、奶油和剪好的香草荚，开火加热直至沸腾。静置30分钟充分浸泡，之后再重新加热一次。

将黑巧克力弄碎后放入沙拉盆中。通过面粉筛过滤，将之前做好的牛奶和奶油混合物倒在巧克力上。

巧克力融化后搅拌。加入切成小块的软黄油，搅拌至全部融化。

准备打发蛋白霜。将蛋清和蛋黄分开。

在沙拉盆中，使用手动打蛋器搅打蛋白，并加入细砂糖。当其呈现紧密状态并且发亮的时候，加入蛋黄并用打蛋器继续搅打3~4秒，即成为蛋白霜。

将三分之一的蛋白霜盛出来，与之前做好的巧克力用力地搅拌在一起。再将混合后的巧克力静置，这样确保巧克力在最终混合时更顺利。

将搅拌好的巧克力倒入剩余的蛋白霜中，用刮刀仔细地将盆底的巧克力以翻拌的手法彻底混合。将做好的慕斯放入冰箱中，冷藏6个小时后再品尝。

6人份

准备时间：20分钟 I 制作时间：5分钟 I 放置时间：4小时 I 简单 I 实惠

法式苹果挞

技巧：法式挞皮

•

准备食材　　　　　　　　　制作用具

制作法式挞皮

200克面粉	1个直径25厘米的模具
1撮细海盐	1根擀面杖
100克切成小块的软黄油	干豆子或者放在挞底部的烘焙工具
50毫升全脂鲜牛奶	（烘焙重石或者压派石）

制作食谱

5~6个削皮的金冠苹果并切成四瓣	1把普通的刀
3枚鸡蛋	1个手动打蛋器
1撮桂皮粉	
4汤匙黄糖	

成功秘籍

· 如果面团揉完后感觉有些硬，那么可以将其用一层保鲜膜包裹住，在制作前放入冰箱中冷藏1个小时。

· 一定要将苹果挞放凉，以便让布丁在苹果的周围凝固住。一定要等布丁冷却后再食用，因为当它是热的时候，吃起来会感到油腻、难消化。

· 即使提前烘烤苹果挞的挞皮，也不要将它保存超过12个小时。最好能够当天食用。

使用法式挞皮的其他甜点：

· 传统奶油鸡蛋布丁挞
· 巧克力挞（见第130页）
· 所有你喜欢的水果挞

准备法式挞皮。将烤箱预热至170℃。在沙拉盆中倒入面粉、盐和黄油。在揉面的时候，用手指将黄油全部压碎并搅拌，直至得到完全混合均匀的黄色的油酥。

倒入牛奶，同时快速地揉成一个面团。不要过度用力地揉面，避免面团过硬而不容易摊开。

1 2

3 4

通过擀面杖的帮助，将面团在烤盘中摊开，并将其压平。每转六分之一圈就重新滚动按压一次。建议滚压成一个圆形的挞皮，并且比烤盘模具大出一些。

准备挞皮。将面皮放在涂过油的模具里，用餐叉戳出多个小洞，用烘焙纸覆盖，放入干豆子铺满整个挞底，入烤箱烘烤10分钟。从烤箱中取出后，撤走烘焙纸和干豆子，再放入烤箱烘烤10分钟。

准备内馅。现在已经做出了一个铺在烤盘底部的轻微膨胀的烤熟的挞皮。用餐叉轻轻地按压挞皮上鼓起的气泡，这叫做预先烘烤面皮。用一把小刀将苹果切成数片，围绕着烤盘依次重叠铺开。

在沙拉盆中搅打鸡蛋、桂皮粉、牛奶和3汤匙黄糖。

将混合好的液体倒入挞皮中。入烤箱烘烤25分钟。

将苹果挞从烤箱中取出，在其表面撒上剩余的黄糖，再放到烤箱中的较高位置烘烤5分钟。将苹果挞取出，静置至少4个小时后再品尝。

6人份

准备时间：30分钟 ┃ 制作时间：30分钟 ┃ 放置时间：4小时 ┃ 简单 ┃ 实惠

水果挞

技巧：卡仕达酱

•

准备食材　　　　　　制作用具

制作卡仕达酱

半根香草荚
500毫升全脂鲜牛奶
4枚鸡蛋黄
75克黄糖（或者白砂糖）
2咖啡匙玉米淀粉
25克黄油

1口厚底烤锅
1个手动打蛋器

制作食谱

1张酥饼挞皮（见第32页）
1根香草荚
250克面粉
80克黄糖
1枚鸡蛋
125克半盐黄油
400克草莓
3汤匙红色水果果冻

1个直径25厘米的挞派模具
1根擀面杖
干豆子或者放在挞底部的烘焙工具
（烘焙重石或者压派石）

成功秘籍：

·用一层保鲜膜覆盖住奶油，这样可以防止表面
变干或者被氧化。
·如果想要水果挞清淡些，可以使用法式挞皮（
见第16页）并且不在卡仕达酱中加入黄油。

使用卡仕达酱的其他甜点：

·尝试用同样的食谱换成树莓或者葡萄
·蛋糕卷（见第28页）
·修女双球泡芙（见第164页）或者闪电泡芙
·法式千层酥

准备油酥挞皮（见第32页）。用擀面杖将它铺平，放到涂过油的模具里。预先烘焙（见第18页），25分钟后将其放置冷却。

准备卡仕达酱。将沙拉盆放入冰箱冷冻室中冷却。将香草荚剖成两半，和牛奶一起放入锅里，加热至沸腾。

在等待的同时，用手动打蛋器用力地搅打蛋黄、黄糖和玉米淀粉，直到其混合均匀并呈现白色。将其倒入沸腾的牛奶中，并同时不断地搅拌。

将搅拌均匀的蛋糊倒入平底锅中，调至中火，煮至沸腾。在煮沸的过程中，不停地用手动打蛋器搅打1~2分钟。

将卡仕达酱倒入之前冷却好的沙拉盆中，待其凝固。随后加入黄油并且搅拌至其彻底融化。用保鲜膜封好，放入冰箱中冷藏4个小时。

清洗草莓，去梗并切成两半。将卡仕达酱在冷冻的挞皮上铺平。在中心放上一颗大个的草莓，再在它的周围按照放射状摆放其他草莓。

5 6

7

在小锅中，将红色水果果冻融化，加入2汤匙水，将它们刷在草莓上，这样可令草莓更加闪亮。还可以用几片薄荷叶点缀。即刻食用或者放入冰箱保持新鲜。

6人份（大约20个泡芙）

准备时间：30分钟 I 制作时间：30分钟 I 放置时间：2小时 I 简单 I 实惠

香草泡芙和巧克力泡芙

技巧：泡芙皮

•

准备材料

制作用具

制作泡芙皮

50毫升全脂鲜牛奶
80克黄油
1咖啡匙白砂糖
1撮盐
200毫升水
125克面粉
4枚鸡蛋+1枚鸡蛋黄（用来裹金）

1口厚底锅
1个手动打蛋器
1个裱花袋

制作香草味搅打稀奶油

250毫升全脂液体奶油
1根香草荚
2汤匙糖粉

1台电动搅拌器
1个裱花袋
1把冰淇淋挖球匙

制作巧克力酱

150克黑巧克力（至少含64%的可可）
100毫升液体奶油
1汤匙黄糖
1升香草冰淇淋
2汤匙杏仁片

1台电动搅拌器
1个裱花袋
1把冰淇淋挖球匙

成功秘籍：

为了让泡芙能够在烘焙的时候膨胀起来，不要将其冷冻。在烘焙的过程中，千万不要打开烤箱门，这样会起到冷却的效果从而无法使泡芙膨胀起来。

使用泡芙皮的其他甜点：
· 修女双球泡芙（见第164页）
· 闪电泡芙
· 珍珠糖泡芙
· 法式车轮泡芙

准备泡芙皮。将烤箱预热至170℃。锅中倒入牛奶、黄油、白砂糖、盐和200毫升水。加热至沸腾时，加入1汤匙面粉。用手动打蛋器不停地混合搅拌，同时放在火上重新加热2~3分钟。

离火。不停搅打的同时，依次加入4枚完整的鸡蛋。在每加入1枚鸡蛋之前，要保证前1枚已完全混合均匀。

在裱花袋顶部装上直径1厘米的圆形裱花嘴，将泡芙糊倒入裱花袋中。在涂过油的烤盘上放上烘焙纸，挤出如高尔夫球大小的面球，需要挤出二十个。

将蛋黄放入小碗中，加入1咖啡匙热水，随后在泡芙皮上涂上一层。快速放入烤箱，烘焙20分钟，泡芙皮就会变蓬松，并变成金黄色。将泡芙从烤箱中取出，冷却2个小时。

将泡芙皮横切成两半，用冰淇淋挖球匙在每个泡芙中间都填上一个香草冰淇淋球。放入冰箱冷藏。

在不放油的平底锅中，将杏仁片不断地翻炒，直到它们开始变色。立即从锅中倒出，备用。

5 | 6

7 | 8

准备搅打稀奶油（见第156页）。将它们装入裱花袋中。

准备巧克力酱（见第60页）。将泡芙从冰箱里取出分散摆在甜品盘子上。在它们中间点缀上漂亮的搅打稀奶油。把巧克力酱浇在泡芙上，撒上烤好的杏仁片。立即享用。

6人份

准备时间：30分钟 I 制作时间：25分钟 I 放置时间：2小时 I 简单 I 实惠

果酱蛋糕卷

技巧：蛋糕卷

●

准备食材	制作用具
制作蛋糕卷	
6枚鸡蛋 174克白砂糖 1包香草精 1撮盐 100克面粉	1个手动打蛋器 1把搅拌刮刀 1块干净的抹布
制作食谱	
200克高质量的果酱（草莓、树莓或者杏酱） 糖粉 若干新鲜的草莓	1把汤匙或者1把蛋糕抹刀 1个长条形的餐盘

成功秘籍：

蛋糕卷很像海绵蛋糕，但是它更萌一些。并且相对于海绵蛋糕，它并不需要在表面浇糖浆。

使用蛋糕卷的其他甜点：

·用其他种类的酱料来填充内馅：巧克力榛子酱、牛奶酱、栗子酱、卡仕达酱（见第20页）、巧克力甘纳许
·夹心黄油奶油霜（见第164页）

准备蛋糕卷。将烤箱预热至170℃。分离4枚鸡蛋的蛋清，将其保存。沙拉盆中倒入剩余的2枚完整的鸡蛋和4枚蛋黄。加入120克白砂糖和香草精。长时间地搅拌直到混合物发白且体积增加一倍。

在另一个沙拉盆中，用手动打蛋器搅打蛋白霜，加入一撮盐，一点一点地加入剩余的白砂糖直至得到发亮的紧实的蛋白霜。

用刮刀轻轻地将准备好的鸡蛋和面粉混合。

在涂过油的烤盘上放上烘焙纸，倒入面糊然后抹平，要保持1厘米的厚度。在烤箱中烘焙20~25分钟。

烤好的面皮应该泛着金黄色，并且轻轻膨胀。

烘焙结束后立即将蛋糕卷从烤盘中取出，放在案板上，用干净的抹布将其覆盖。静置2个小时。之后将覆盖有抹布的蛋糕卷翻过来，轻轻地将烘焙纸揭开。

用汤匙或者蛋糕抹刀的背部，将果酱在蛋糕卷上均匀铺平（如果果酱有些厚颗粒，可以再略微加热一下让它们变成液体）。

在抹布的帮助下，把蛋糕卷慢慢地卷起来，将其放在餐盘上。品尝之前，撒上糖粉。可以再添加一些切成瓣的新鲜草莓，用来装饰蛋糕卷的外表。

30块饼干

准备时间：30分钟 Ⅰ 制作时间：30分钟 Ⅰ 放置时间：2小时 Ⅰ 简单 Ⅰ 实惠

香草桂皮油酥饼干

技巧：油酥面团

•

准备食材	制作用具
制作油酥面团	
1根香草荚 250克面粉 125克白砂糖 1枚鸡蛋 125克半盐黄油	1把尖刀
制作食谱	
1枚鸡蛋黄 2汤匙牛奶 2撮桂皮粉	1根擀面杖 饼干模具 1把硅胶刷

成功秘籍：

·不同于法式挞皮，这种油酥面团可以多次地揉或是重新搅拌，都不会变硬。

·也可以用其他的香料，比如黑香豆、小豆蔻或者姜。

使用酥饼面团的其他甜点：

·小豆蔻姜饼
·香草罂粟籽酥饼

准备油酥面团。 将烤箱预热至170℃。用刀尖将香草荚纵向剖开，刮出香草籽。沙拉盆中放入面粉、白砂糖、香草籽和1枚完整的鸡蛋。

不断地搅拌直至获得混合均匀的泛黄的油酥面渣。

将黄油切成小块状，和面粉混合直到呈手指头一般的大小。

不停地揉面，直至完全混合成为一个完整的面团，而且面团既不能黏手也不能黏着沙拉盆。

制作油酥饼干。用擀面杖将面团在案板上铺平，并达到大约2~3毫米的厚度。

使用饼干模具，在面皮上刻出一个个不同形状的饼干，并将它们放在铺着烘焙纸的烤盘上。将剩余的边角料重新揉成一个面团，再重新铺开。这样反复操作几次，直到没有多余的面团。

5 6

7 8

在碗里放入1枚蛋黄、牛奶和桂皮粉。混合均匀后涂抹在饼干上，放入烤箱烘烤10~12分钟。待饼干呈现金黄色，从烤箱中取出。待冷却后再食用。

6人份

准备时间：40分钟 I 制作时间：25分钟 I 放置时间：4小时 I 简单 I 实惠

漂浮之岛

技巧：法式蛋白霜马林脆饼

•

准备食材

制作用具

制作法式蛋白霜马林脆饼

6枚鸡蛋清
125克白砂糖
25克黄油

1个手动打蛋器（或者电动打蛋机）
浅底的烤杯
1个大号烤盘（用来做水浴法烘焙）

制作英式蛋奶酱

6枚鸡蛋黄
650毫升全脂鲜牛奶
120克白砂糖
2根香草荚

1口厚底平底锅
1个手动打蛋器
1个面粉筛
1把搅拌刮刀

制作焦糖装饰

150克白砂糖
1小杯水
25克半盐黄油
20克焦糖坚果粒

1口厚底平底锅

成功秘籍：
可以在表面放一些焦糖脆片或者红色的果子做装饰。

使用法式蛋白霜马林脆饼的其他甜点：
· 带有粉色焦糖坚果粒的漂浮之岛

准备英式蛋奶酱（见第70页）。倒入沙拉盆中，放入冰箱冷藏4小时。

准备法式蛋白霜马林脆饼。将烤箱预热至150℃（。将蛋清倒入大沙拉盆中，用手动打蛋器或者电动打蛋机混合搅拌。

搅拌蛋清的同时不间断地加入白砂糖，直到得到发亮且紧实的蛋白霜。

在烤杯内涂上一层黄油。

将蛋白霜马林脆饼装在烤杯里，再放入盛有沸水的深 入烤箱烘焙20~25分钟，直至蛋白霜马林脆饼变得膨
底烤盘中。 胀并且略微带点金黄色。

从烤箱中取出，放在恒温环境中静置1个小时，再放入冰箱冷藏3个小时。轻轻地把蛋白霜马林脆饼从烤杯
中取出，在其周围挤入英式蛋奶酱。准备焦糖（见第102页），摆上几片焦糖脆片，最后撒上一些焦糖坚果
粒。即可食用。

30颗小马林糖

准备时间：30分钟 Ⅰ 制作时间：40分钟 Ⅰ 放置时间：4小时 Ⅰ 简单 Ⅰ 实惠

马林糖

技巧：瑞士蛋白霜

•

准备食材

制作用具

制作瑞士蛋白霜

6枚鸡蛋清
340克糖粉

1口大号厚底平底锅
1个手动打蛋器（或电动打蛋机）
1个裱花袋

创新Tips：

· 通过变换不同形状的马林糖来点缀蛋糕。
· 可以将它们两两合并在一起，中间加入果酱
当作内馅，品尝起来就像是马卡龙一样。
· 用咖啡香精、可可粉、桂皮粉、香草精增添
香味，或者在烘焙之前，撒上榛子、杏仁片或
椰子粉等。

使用瑞士蛋白霜的其他甜点：

· 装饰有香草、罂粟籽或者姜味小马林
糖的水果沙拉杯

准备马林糖浆。将烤箱预热至100℃。在沙拉盆中将蛋清和糖粉搅拌均匀。

大锅中倒入热水，开至中火。将沙拉盆放在锅上，继续搅拌。

用手动打蛋器（或者电动打蛋机）不停地搅拌直到呈现蓬松且明亮的蛋白霜。将手指伸进蛋白霜里试一下温度（使用食用温度计测量应该在55℃左右）。

将沙拉盆端离蒸锅，继续搅拌，待蛋白霜温度降至室温。

制作马林糖。 将蛋白霜倒入裱花袋中，安装上圆形裱花嘴。在烤盘上放上涂过油的烘焙纸，在上面挤出一个个小蛋白霜，即马林糖。

放入烤箱烘焙约40分钟，烘焙过程中，打开烤箱门1~2次放出里面的湿气。关掉烤箱，打开烤箱门，让马林糖冷却4个小时。可以直接品尝，或者保存在密封盒子里。

6人份

准备时间：40分钟 I 制作时间：20分钟 I 放置时间：4小时 I 精致 I 实惠

巧克力奶油和咖啡冻

技巧：巧克力奶油

•

准备食材

制作用具

制作巧克力奶油

准备食材	制作用具
1根香草荚	1口厚底平底锅
100克糖粉	1把尖刀
70克黑巧克力（至少含64%的可可）	1个手动打蛋器
250毫升全脂鲜牛奶	1个面粉筛
250毫升液体奶油	1把搅拌刮刀
5枚鸡蛋黄	

制作食谱

100毫升浓缩咖啡或者Ristretto（双倍超浓意式咖啡）	1只咖啡壶
1片泡在冷水中的吉利丁片	保鲜膜

创新Tips：
如果是供成人食用，可以在咖啡冻里加入几滴威士忌或者朗姆酒。

使用巧克力奶油的其他甜点：
· 树莓巧克力奶油挞
· 榛子味巧克力奶油杯，覆盖上搅打稀奶油

准备巧克力奶油。将香草荚纵向剖成两半，用刀尖将香草籽刮出，和糖粉混合。

平底锅中放入牛奶、奶油和剪好的香草荚，加热至沸腾。关火后，静置浸泡30分钟。

在沙拉盆中，将香草精和蛋黄混合，并且持续搅拌，直到混合物双倍膨胀、变白。用面粉筛将牛奶过滤至混合物中，然后全部倒入平底锅中。

将平底锅在小火上加热，同时不停地搅拌。奶油糊会裹在搅拌刮刀上：这时用手指在上面划一道，奶油面糊不会再把痕迹覆盖（测试温度约为83℃）。将其迅速倒入沙拉盆中。

将切碎的巧克力块加入奶油糊中，搅拌直至巧克力完全融化，与奶油糊融为一体。用另一个容器，将吉利丁片放入水中浸泡10分钟。

将巧克力奶油糊分别倒入几个玻璃杯或者茶杯中，放入冰箱冷藏至少4个小时。

5 **6**

7 **8**

准备咖啡并且加入泡软的吉利丁片，完全地搅拌混合。将混合液倒入塑料盒中，厚度约为1厘米左右，盖上一层保鲜膜，放入冰箱中冷藏3个小时。

将咖啡冻取出，切成边长为1厘米的方块。在巧克力奶油中放入咖啡冻方块，即可食用。

6人份

准备时间：10分钟 ｜ 制作时间：20分钟 ｜ 放置时间：4小时 ｜ 简单 ｜ 实惠

树莓巧克力蛋糕

技巧：松软面团

•

准备食材

制作用具

制作松软面团

1根香草荚
150克黄糖
200克黑巧克力（至少含64%的可可）
125克黄油
75克面粉
1撮盐
3枚鸡蛋

1把尖刀
1口厚底平底锅
1个手动打蛋器

制作食谱

100克树莓

6个直径约为10厘米的蛋糕模具

Tips：

巧克力和树莓搭配是一个奇迹，因为树莓味酸，与味道厚重甜腻的巧克力成为完美的结合，这样既有巧克力的味道又有树莓的味道。牛奶巧克力和百香果也是个很好的组合。

使用松软面团的其他甜点：

·巧克力咖啡松软蛋糕：加入1咖啡匙雀巢咖啡粉在面团中。
·杏仁榛子松软蛋糕：在烘焙前，撒上杏仁和榛子碎片。

准备松软面团。 烤箱预热至170℃。将香草荚纵向剖成两半，用刀尖将香草籽刮出。和黄糖混合。

将巧克力切成小块。平底锅中放入黄油并用中火融化。当黄油完全成为液体后，加入巧克力并持续搅拌至其融化。

1 2

3 4

加入面粉、盐、黄糖及香草籽，搅拌至混合均匀的面糊。

关火。逐一加入鸡蛋，并在加入每一枚鸡蛋后搅拌面糊至完全混合。

准备松软蛋糕。在蛋糕模具内涂上黄油，将树莓铺满2/3的模底。将混合好的面糊倒入模具，再将剩余的树莓放在上面。

放入烤箱中烘焙20分钟，蛋糕表面会变得蓬松并出现裂纹。从烤箱中取出，放入冰箱冷藏至少4小时。从模具中取出即可食用。

准备时间：20分钟 I 制作时间：45分钟 I 放置时间：1夜 I 简单 I 实惠

树莓克拉芙缇

技巧：克拉芙缇面团

●

准备食材

制作用具

制作克拉芙缇面团

1根香草荚
150克黄糖
4枚鸡蛋
1撮盐
100克面粉
250毫升全脂鲜牛奶
25克软黄油

1把尖刀
1个面粉筛

制作食谱

600克树莓

1个圆形焗烤盘

成功秘籍：

·将克拉芙缇放置一整晚，会得到更完美的充满香草味的克拉芙缇。

·加入2汤匙杏仁粉或榛子粉。

·将盐加入面粉中，当作面粉的香味添加剂。盐的用量大约是面粉用量的1%。例如，如果用200克面粉，放入1~2克盐就是合适的。

使用克拉芙缇面团的其他甜点：

·使用樱桃、黄香李或者草莓，制作布列塔尼法尔蛋糕。也可以使用李子干。

准备模具和黄糖。烤箱预热至170℃。将黄油均匀地涂抹在烤盘内，撒上2汤匙黄糖。

将香草荚纵向剖成两半，用刀尖将香草籽刮出。和黄糖混合。

将树莓均匀撒在烤盘中。

准备面糊。在沙拉盆中，将鸡蛋、香草籽和黄糖搅拌均匀。加入盐、面粉，慢慢地倒入牛奶直到获得浓稠的面糊。

将面糊过筛后，倒入烤盘中，取出凝块。

放入烤箱中烘焙45分钟，表面会变得蓬松并出现裂纹。为了确认是否完全烘焙好，将刀尖插入克拉芙缇的中心，取出来后的刀尖应是干净但潮湿的。将克拉芙缇从烤箱中取出，并在品尝之前静置一整个夜晚。

香草焦糖烤布丁

技巧：布丁

●

准备食材

制作用具

制作布丁

1根香草荚 150克黄糖 1000毫升全脂鲜牛奶 6枚鸡蛋	1把尖刀 1口厚底平底锅 1个手动打蛋器 1个面粉筛

制作食谱

150克细砂糖 1杯水	1个防粘蛋糕模具或者一个直径大约20厘米的可烘焙用的玻璃盘 1个盘子

创新Tips：
用速溶咖啡粉代替香草：将2汤匙速溶咖啡粉作为香料加入牛奶中。也可以尝试使用巧克力、红色水果的酱汁、青柠檬汁、百香果汁等。

使用布丁的其他甜点：
·香草可可焦糖布丁：在与鸡蛋混合搅拌之前，在牛奶中加入2汤匙可可粉。

准备布丁。将烤箱预热至160℃。将香草荚纵向剖成两半，用刀尖将香草籽刮出，和黄糖混合。在平底锅中，将牛奶和香草荚混合在一起，煮至沸腾。关火后浸泡30分钟。

在模具中倒入细砂糖和一小杯水。放在中火上加热，直至细砂糖变成漂亮的金色焦糖，但不能变成棕色。

在沙拉盆中搅拌香草味的黄糖和鸡蛋，直到搅打出泡沫。

将牛奶通过面粉筛倒入搅拌好的鸡蛋中，继续搅拌至完全混合。

将混合好的奶油倒入做好的焦糖中，再倒入模具内，将模具放在烤箱的托盘上。在托盘内倒入水，放入烤箱中烘焙45分钟。

烤好的布丁表面会变色并且凝固。为了确认是否完全烘焙好，可用刀尖插入布丁中，取出后的刀尖应是干净但潮湿的。将模具从托盘中取出，静置一个夜晚。

5 6
7 8

用刀尖沿着模具的内侧划过，将布丁直接翻到一个圆盘中。在品尝之前，迅速地将模具从布丁上脱离。

6人份

准备时间：20分钟 ┃ 制作时间：10分钟 ┃ 简单 ┃ 实惠

梨海琳（西洋梨冰淇淋）

技巧：巧克力酱

•

准备食材	制作用具

制作巧克力酱

200克黑巧克力（至少含64%的可可） 1根香草荚 150克黄糖 100毫升液体奶油 200毫升水	1把尖刀 1口厚底平底锅

制作食谱

6个小的蜜汁西洋梨 2汤匙细片杏仁 6个香草冰淇淋球（如果自制冰淇淋见第70页）	4只高脚杯（或者4只碗）

创新Tips：
这是一道浓厚、经典、美味的甜点，可以添加一些香草搅打稀奶油（见第156页）。若想更有创意，可以将香草冰淇淋换成榛子味冰淇淋。

使用巧克力酱的其他甜点：
·所有冰淇淋杯：白夫人香草冰淇淋、蜜桃梅尔芭、香蕉船冰淇淋、巧克力咖啡冰沙……

准备梨和杏仁。将西洋梨切成四瓣，取出梨核。

在不放油的平底锅中，将杏仁片不断地翻炒，直到它开始变色，然后立即从锅中倒出。保存。

1　2

3　4

准备巧克力酱。将巧克力切成小块，放入沙拉盆中。

将香草荚纵向剖成两半，用刀尖将香草籽刮出。在平底锅中，将香草荚、液体奶油和200毫升水混合在一起。煮至沸腾，并持续1~2分钟。

将热腾腾的奶油酱通过面粉筛倒入巧克力碎块中。

沿着同一方向不断搅拌，直到所有的巧克力融化并且混合均匀。

5　6

7

将4块整齐的梨块分散着按照星星状摆在玻璃杯或者碗中。在它们的中心放入一个香草冰淇淋球。用巧克力酱调味，并撒上烤好的杏仁片，即可品尝。

石纹蛋糕

技巧：蛋糕面糊

·

准备食材

制作用具

制作蛋糕面糊

准备食材	制作用具
5枚新鲜鸡蛋 200克黄糖 250克室温软黄油 250克面粉 1撮盐 半袋发酵粉	1个手动打蛋器（或者1台电动打蛋机） 1把搅拌刮刀

制作食谱

100克黑巧克力（至少含64%的可可）	大号的和小号的平底锅（用来蒸烤）各一口 1个蛋糕模具

成功秘籍：

·可以在面糊中加入香草籽。
·如果没能提前把黄油取出，可以将其放到平底锅中融化，再按照食谱步骤进行。

使用蛋糕面糊的其他甜点：

·水果蛋糕、香草蛋糕、四合蛋糕……

准备蛋糕面糊。烤箱预热至170℃。分离蛋黄和蛋清。

在沙拉盆中，将蛋黄、黄糖和黄油搅拌。持续搅拌直到得到混合均匀的面糊。

加入面粉、盐、发酵粉，重新搅拌，面糊会变得很浓稠。

在另一个沙拉盆中，用手动打蛋器（或者电动打蛋机）搅打出紧实的蛋白霜。

为了保持稳定均匀，先将1/3的蛋清与面糊混合，再加入剩余的蛋清，并用刮刀搅拌，得到混合均匀的面糊。

用蒸烤的方式将黑巧克力融化。在另一个沙拉盆中，将1/3的面糊和巧克力混合。

在蛋糕模具内涂上黄油，倒入剩余2/3的面糊。将面糊抹平，随后在表面加入之前做的巧克力糊。用汤匙在多个地方按压，使少许面糊露出，与巧克力糊交错出大理石花纹的效果。

放入烤箱中烘焙40分钟。烤出来的蛋糕会变得蓬松，表面也会出现裂纹。为了确认是否完全烘焙好，可用刀尖插入蛋糕的中心，取出来后的刀尖应是干净但潮湿的。从烤箱中取出后立即脱模，品尝之前应在烤架上静置4个小时。

Ⅱ 不可错过的食谱

PAGE 106

传统榛子马卡龙饼干
传统马卡龙面糊

PAGE 110

红酒梨
转化糖浆

PAGE 114

李子挞
杏仁奶油或者杏仁内馅

PAGE 118

朗姆酒香草可露丽
可露丽面糊

PAGE 122

苹果大黄奶酥派
奶酥糊

PAGE 126

香草可丽饼
可丽饼面糊

PAGE 130

巧克力布丁挞
巧克力布丁

6人份

准备时间：30分钟 Ⅰ 制作时间：15分钟 Ⅰ 放置时间：一夜 Ⅰ 精致 Ⅰ 经济实惠

浆果香草冰淇淋

技巧：英式蛋奶酱

·

准备食材 　　　　　　　　　制作用具

制作英式蛋奶酱

3根香草荚	1把尖刀
80克细砂糖	1口厚底平底锅
400毫升全脂鲜牛奶	1个手动打蛋器
5枚鸡蛋黄	1个面粉筛

制作食谱

100毫升全脂液体奶油	1台电动打蛋机
150毫升红色浆果浆汁（见第192页）	1台果泥冰淇淋机
	1个模具

创新Tips：
可以将红色的浆果浆汁换成杏浆汁或者咸黄油焦糖。

使用英式蛋奶酱的其他甜点：
· 漂浮之岛

将香草荚纵向剖成两半，用刀尖将香草籽刮出。将香草籽和细砂糖混合。

平底锅中放入牛奶和香草荚，加热直至沸腾。关火后，浸泡30分钟。

在沙拉盆中，将蛋黄和细砂糖混合，长时间地搅拌，直到混合物双倍地膨胀、变白。

通过面粉筛将牛奶倒入混合液中，再全部倒入平底锅中。

将平底锅放在文火上加热，同时不停地搅拌，直到奶油糊在刮刀上裹了一层；这时用手指在上面划一道，奶油面糊不会把痕迹重新覆盖住（此时奶油糊温度大约为83℃）。将其迅速倒入沙拉盆中，常温静置一夜。

在冷却的沙拉盆中，用手动打蛋器将液体奶油打成浓稠的搅打稀奶油。将之前准备好的英式奶油和搅打稀奶油倒入果泥冰淇淋机中，开始制作冰淇淋。

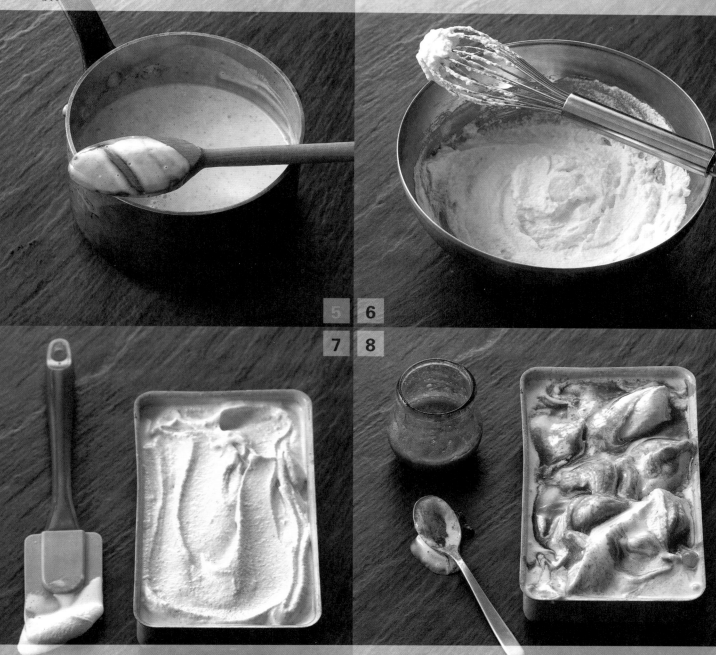

将做好的冰淇淋放入一个塑料或者金属制的模具中，加入浆果酱汁调味。

用汤匙在多个地方按压，使少许冰淇淋露出表面，与浆果酱汁交错出大理石花纹的效果。放入冰箱冷冻3~4个小时。

6人份

准备时间：30分钟 | 制作时间：45分钟 | 放置时间：4小时 | 简单 | 经济实惠

布鲁耶尔洋梨挞

技巧：杏仁油酥面团

•

准备食材　　　　　　　　　制作用具

制作油酥面团

准备食材	制作用具
175克面粉	1根擀面杖
125克白砂糖	1个直径25厘米的挞模
75克杏仁粉	干豆子或者放在挞底部的烘焙重石
1枚鸡蛋	
125克半盐黄油	

制作杏仁奶油

2枚鸡蛋	1个手动打蛋器
100克黄糖	
100克软黄油	
100克杏仁粉	

果料涂层

6个蜜汁罐头梨	1把水果刀

成功秘籍：

·为了装饰挞，可以在其表面刷上融化的杏酱或者撒上一些杏仁片。

使用油酥杏仁面团的其他甜点：

·用杏代替洋梨：将杏切成两半，去核后空心的内部朝上。

·在切模的帮助下，可以用这种面团制作杏仁油酥饼干。

准备杏仁油酥面团。将烤箱预热至170℃。沙拉盆中倒入面粉、白砂糖、杏仁粉和1枚鸡蛋。

将它们混合搅拌直到呈现黄色油酥状。加入切成块状的黄油。

揉面直至得到一个结实并且混合均匀的面团。面团既不能黏手也不能黏在沙拉盆上。

在案板上用擀面杖滚压面团。每转1/6圈就重新滚压一次，最好滚压出一张圆形的挞皮，并且比烤盘模具大一些。

将面皮放在已涂过黄油的模具内，用餐叉戳出多个小洞，再用烘焙纸覆盖。放入干豆子铺满整个挞底（或者用烘焙重石压在烘焙纸上），烘烤10分钟。从烤箱中取出，将烘焙纸和干豆子撤走，再放入烤箱烘焙10分钟。

准备杏仁奶油（见第114页）。将其抹在挞底并平铺均匀。

将梨切成两半，去核，按照星星形状摆放在杏仁奶油上。入烤箱重新烘烤20~25分钟，直到杏仁奶油轻微地膨胀，并且呈现出接近棕色的焦黄色。将挞从烤箱中取出，降温后脱模，将挞放在烤架上静置4个小时即可食用。

6人份

准备时间：40分钟 I 制作时间：30分钟 I 放置时间：4小时 I 精致 I 经济实惠

柠檬蛋白挞

技巧：柠檬奶油

●

准备食材　　　　　　　　制作用具

制作柠檬奶油

2枚鸡蛋+1枚鸡蛋黄　　　　　1台榨汁机
150克白砂糖　　　　　　　　1台电动搅拌机
1咖啡匙玉米淀粉　　　　　　1口平底锅
4个柠檬
200克室温黄油

制作食谱

1个油酥面团（见第32页）　　1个手动打蛋器（或者电动打蛋机）
3枚鸡蛋清　　　　　　　　　1个裱花袋
150克白砂糖
1汤匙糖粉

创新Tips：
用同样的食谱，将柠檬换成2个香橙，就可以
做出一个香橙派。还可以尝试用百香果（需要
150毫升百香果果汁）。

使用柠檬奶油的其他甜点：
· 柠檬奶油杯
· 比利时焦糖饼干
· 柠檬马卡龙

将烤箱预热至170℃。首先准备油酥面团（见第32页），并且按照法式苹果挞的食谱来预先烘烤面皮（见第18页）。

准备柠檬奶油。将鸡蛋打入沙拉盆中，并与白砂糖和蛋黄混合搅拌，搅拌均匀后再加入玉米淀粉。

将柠檬挤汁，与之前打好的蛋液一起放入平底锅中。中火煮至沸腾，随后关火。

加入切成块状的黄油，用电动搅拌机搅拌至黄油完全融化。将液体倒入挞中并铺平，静置冷却。

准备马林糖。在一个沙拉盆中，用手动打蛋器打发蛋清，然后一点一点地加入白砂糖，直到获得很紧实的蛋白霜。

将蛋白霜放入装有圆形裱花嘴的裱花袋中，按照玫瑰形状挤在柠檬奶油上做成马林糖。也可以每次都提起裱花嘴，从而将一个个小马林糖拉长，在其表面撒上糖粉。

5 6

7

预热烤箱，将蛋白挞放在烤架上烘烤4~5分钟，直到蛋白挞上的一个个马林糖被烤出焦黄色。从烤箱中取出，在食用之前需静置冷却。

6人份

准备时间：15分钟 Ι 制作时间：60分钟 Ι 放置时间：15分钟 Ι 简单 Ι 经济实惠

栗子酱华夫饼

技巧：华夫饼

●

准备食材　　　　　　　制作用具

制作华夫饼

250毫升全脂鲜牛奶　　　　　1口小平底锅
15克白砂糖　　　　　　　　　1把尖刀
12克发酵粉　　　　　　　1个手动打蛋器
1根香草荚　　　　　　　　1个面粉筛
3枚鸡蛋
1撮盐
100克融化的黄油
250克面粉
植物油

制作食谱

250克栗子酱　　　　　　　　1台华夫饼机
　　　　　　　　　　　　　　1把刷子
　　　　　　　　　　　　1把长柄大号汤匙
　　　　　　　　　　　　　1个裱花袋

创新Tips：
可以用少许糖粉或者烤好的杏仁片装饰华夫饼。
可以搭配新鲜的水果一起享用，并在华夫饼上加上3
汤匙黄糖。

使用华夫饼的其他甜点：
· 华夫饼加巧克力抹酱
· 比利时焦糖饼干
· 炼乳

准备华夫饼。先在小锅中将牛奶加热。随后倒入沙拉盆中，加入白砂糖和发酵粉。

将香草荚纵向剖成两半，用刀尖将香草籽刮出。

沙拉盆中加入盐、香草籽、融化的黄油、牛奶、面粉。用手动打蛋器搅打蛋饼面糊，需长时间地搅打。

通过面粉筛，将蛋饼面糊倒入一个新的盆中，密封并在室温下静置1个小时。

加热华夫饼机，用提前浸在植物油中的刷子为华夫饼模具内涂上黄油。用长柄汤匙舀蛋饼面糊，倒入华夫饼模具内，将华夫饼机合上。

加热3~4分钟。同时需要保证华夫饼机中再没有蒸汽跑出来。

5 6
7 8

将华夫饼取出，用锡纸包好以便保温。将剩余的面糊以同样的方式制作华夫饼。

把栗子酱放入装有齿形裱花嘴的裱花袋中。在温热的华夫饼表面挤出花纹，即可享用。

浆果夏洛特蛋糕

技巧：手指海绵饼干

●

准备食材

制作用具

制作手指海绵饼干

4枚鸡蛋
100克+20克白砂糖
120克面粉
1撮盐
40克糖粉

1个手动打蛋器
1台电动打蛋机
1个裱花袋
烘焙纸

制作夏洛特蛋糕

300毫升液体奶油
1汤匙糖粉
4片泡在冷水中的吉利丁片
400毫升红色水果浆汁（见第192页）

1口小平底锅
1个不粘夏洛特蛋糕模具

创新Tips：
可以在水果浆汁中添加1~2汤匙树莓或者草莓
果酒

使用手指海绵饼干的其他甜点：
·还可以尝试搭配杏肉或梨肉酱汁

准备手指海绵饼干。将烤箱预热至170℃。分离蛋清和蛋黄。在沙拉盆中，混合100克白砂糖和蛋黄后用力搅拌，搅拌后的蛋黄糊应该呈现白色。然后加入面粉和盐。

在另一个沙拉盆中，倒入20克白砂糖和蛋清，打发蛋白直至变成紧密且发亮的蛋白霜。取出1/3蛋白霜与蛋黄糊混合搅拌。最后倒入剩余的蛋白霜，仔细地搅拌。

1 2

3 4

把面糊倒入装有直径1厘米的圆形裱花嘴的裱花袋中，在放有烘焙纸的烤盘上挤出饼干糊。饼干糊呈条状，约5~6厘米长，1~2厘米宽。

在其表面撒上糖粉，入烤箱烘焙15分钟。将烤好的饼干取出，静置冷却。

准备慕斯。搅打糖粉和液体奶油直到其变得十分浓稠。

在小平底锅中，融化吉利丁片和2汤匙水果浆汁。在沙拉盆中，将搅打后的稀奶油、3/4水果浆汁和融化的吉利丁片混合搅拌。

碗中加入4汤匙冷水来稀释剩余的水果浆汁。在每块饼干的表面蘸上些许水果浆汁，将它们靠着模具的内沿摆放。

将做好的慕斯倒入模具中，用剩余的饼干覆盖表面，放入冰箱中冷藏6个小时。将从冰箱中取出的模具在盛有沸水的盘子上迅速地浸湿一下，然后将夏洛特蛋糕脱模并倒扣在新的盘子上。

6人份

准备时间：60分钟 | 制作时间：50分钟 | 放置时间：2小时 | 困难 | 经济实惠

挪威火焰雪山雪糕

技巧：意式马林糖

•

准备食材

制作用具

制作意式马林糖

3枚鸡蛋清
200克白砂糖

1个手动打蛋器（或者1台电动打蛋机）
1口厚底平底锅
1个裱花袋
1个大约20×30厘米的长方形模具

制作蛋糕胚

4枚新鲜的鸡蛋
125克白砂糖
125克面粉
1撮盐

1个20×30厘米的长方形烤盘
1把木汤匙
1块干净的抹布

制作糖浆

1根香草荚
100毫升rhum agricole朗姆酒
200毫升水
100克黄糖
1升香草冰淇淋
100毫升rhum agricole朗姆酒（用来做火焰）

1个手动打蛋器
1口厚底平底锅
1个大约20×30厘米的长方形蛋糕模具
火柴

成功秘籍：
可以用喷枪代替烤箱将"雪山"烤成焦黄色。

创新Tips：
·可以将rhum agricole朗姆酒换成陈年朗姆酒、柑曼怡力娇酒、樱桃白兰地或者果酒（草莓、树莓……）。

准备海绵蛋糕胚（见第200页）。在一个长方形模具中烘焙。准备糖浆。将香草荚纵向剖成两半，加入100毫升朗姆酒、200毫升水和黄糖。静置冷却。

制作意式马林糖。搅打蛋清，使蛋白霜至十分紧实。

将白砂糖倒入平底锅中，加入一杯水，煮至糖浆即将要变色。温度大约在125℃。

将煮好的焦糖浆以细流状缓缓地倒入蛋白霜中；同时不断地搅拌直到焦糖浆完全混入。继续搅打直至降至室温。将这些蛋白霜倒入裱花袋中。

将蛋糕胚横向切成两半。底部朝下平放在案板上，并分别在糖浆中浸泡一下表面。在其中一块蛋糕胚上抹上一层厚厚的冰淇淋（大约3厘米厚度）。　　　　将另一块蛋糕胚合上，并刷上糖浆。

5　6

7

用裱花袋在蛋糕表面挤出马林糖，并且让马林糖完全覆盖住蛋糕，并在表面挤出一个个小圆球。将烤箱预热至220℃，持续烘烤3~4分钟直到马林糖轻微地变色。同时，将剩余的朗姆酒放入平底锅中加热。从烤箱中取出蛋糕，放在餐盘上。在食用前，点着加热后的朗姆酒，仔细地倒在蛋糕上。火焰熄灭后，即可食用。

6人份

准备时间：20分钟 I 制作时间：30分钟 I 放置时间：2小时 I 简单 I 经济实惠

林茨挞

技巧：林茨面团

•

准备食材　　　　　　制作用具

制作林茨面团

250克面粉	1个直径25厘米的挞模
50克糖粉	1根擀面杖
2咖啡匙肉桂粉	1把滚轮刀
1撮盐	
1/2发酵粉	
35克杏仁粉	
125克黄油	
2枚鸡蛋	
1咖啡匙棕色朗姆酒	

制作果酱

400克树莓	1个蔬菜研磨器
150克白砂糖	1口厚底平底锅
1/2个黄柠檬挤汁	1台榨汁机

创新Tips：

制作挞时，可以根据自己的口味使用其他种类的果酱。

先准备果酱。用一个装有细孔的蔬菜研磨器研磨树莓。将研磨出的果泥和白砂糖、柠檬汁倒入平底锅中。

煮至沸腾后再煮5分钟。冷却。果酱需变得浓稠。

准备林茨面团。将烤箱预热至170℃。在沙拉盆中，将面粉、糖粉、肉桂粉、盐、发酵粉、杏仁粉和黄油混合搅拌。用手指将黄油全部压碎，搅拌至得到完全混合均匀的黄色的油酥。

加入鸡蛋，之后和面。用保鲜膜将面团包裹住，放入冰箱中冷藏2个小时。

将面团擀成一张2~3毫米厚的挞皮，放在已涂过油的挞模上。用餐叉在挞皮上戳出多个小洞。

将多余的面块揉成一个面团，重新擀平。用一把滚轮刀将面皮切成数个大约1厘米宽的长条。

5 6

7 8

将果酱在挞底铺满。

将切好的面条在挞的表面摆放出格子状。放入烤箱中170℃烘焙20分钟。面皮会变干且变成焦黄色。从烤箱中取出，放入冰箱中冷藏，完全冷却后脱模。

6人份

准备时间：20分钟 I 制作时间：15分钟 I 放置时间：3小时 I 简单 I 经济实惠

巴巴朗姆酒蛋糕

技巧：巴巴蛋糕面糊

●

准备食材	制作用具

制作巴巴蛋糕面糊

100毫升牛奶	1口平底锅
10克发酵粉	6个巴巴蛋糕模具
1撮盐	
2汤匙黄糖	
200克面粉	
2汤匙葡萄干	
50毫升棕色朗姆酒	
2枚鸡蛋	
80克黄油	

制作食谱

1根香草荚	2口小平底锅
100毫升无色朗姆酒	1把刷子
250克黄糖	
1根肉桂棒	
2颗大料	
2颗小豆蔻	
4汤匙榅桲或苹果果冻酱	
100毫升棕色朗姆酒	

成功秘籍：

为了使蛋糕更美味，可以在巴巴朗姆酒蛋糕上搭配搅打稀奶油和烤杏仁片。

使用巴巴蛋糕面糊的其他甜点：

·用萨瓦兰蛋糕代替巴巴蛋糕。理论上说，面糊的制作方法是一样的。但是萨瓦兰蛋糕里没有葡萄干，并且要用专门制作萨瓦兰蛋糕的模具。巴巴蛋糕模具更深而且中间不是空心的。

准备面糊。加热牛奶并加入发酵粉调和。加入盐、黄糖和1/3面粉（大约70克），混合均匀后将面糊静置1个小时，直至面糊双倍膨胀。将葡萄干浸泡在棕色朗姆酒中。

加入搅打好的鸡蛋液和剩余的面粉，搅拌面糊直到混合均匀而且有弹性。加入融化的黄油、浸泡过朗姆酒的葡萄干，继续搅拌面糊4~5分钟。同时，将烤箱预热至180℃。

将做好的面糊分别倒入涂过油的巴巴蛋糕模具中至一半的高度。再静置1个小时，直到面糊继续双倍膨胀。放入烤箱中烘焙15分钟，烤好的蛋糕变得蓬松并且呈现焦糖色。从烤箱中取出，脱模。

同时制作转化糖浆：将剖开的香草荚与所有调料一起倒入500毫升水中，加热至沸腾，关火。

将蛋糕圈放在煮好的转化糖浆上，直至最后一个蛋糕圈降至室温。

在小锅中，将果冻酱和2汤匙水混合在一起。

5 6
7

将巴巴蛋糕放在餐盘上，用刷子将融化的果冻酱涂抹在蛋糕上。放入冰箱冷藏保鲜。在食用前，将巴巴蛋糕用棕色朗姆酒和少许转化糖浆调味。可以在蛋糕圈中心添加搅打稀奶油（见第156页）并撒上杏仁片。

6人份

准备时间：25分钟 | 制作时间：30分钟 | 简单 | 经济实惠

翻转苹果挞

技巧：制作焦糖

•

准备食材　　　　　制作用具

制作焦糖

150克白砂糖　　　　　　　　　　1个圆形的可入烤箱的蛋糕模具
1小杯水
25克半盐黄油

制作食谱

1张油酥挞皮（见第32页）　　　　　　　　1把水果刀
8个金冠苹果　　　　　　　　　　　　　1把削皮刀
　　　　　　　　　　　　　　　　　　　1根擀面杖
　　　　　　　　　　　　　　　　　　　1个大号的餐盘

创新Tips：
可以在制作挞皮时加入2撮肉桂粉。
也可以制作翻转洋梨挞、翻转榅桲挞或者翻转
香蕉挞。
与翻转挞最美味的搭配是一球香草冰淇淋（见
第70页）和搅打稀奶油（见第156页）。

使用焦糖的其他甜点：
· 冰淇淋、酱汁、奶油焦糖泡芙……

先制作油酥挞皮（见第32页）。

在撒有面粉的案板上，用擀面杖滚压面团。挞皮要有1厘米的厚度。

准备焦糖。将白砂糖和一小杯水倒入锅中。中火加热，直到白砂糖融化并转化成金棕色的焦糖，但不要让焦糖冒烟。

关火并加入小块的黄油，搅拌至完全混合均匀。

苹果去皮并切成四块。芯部朝上沿着模具边缘逐个地放在焦糖上。

用挞皮将苹果覆盖住。在中心划出1厘米长的口子作为通气孔，放入170℃的烤箱中烘焙30分钟。烤好的挞皮呈现出焦黄色。

5 6

7

打开烤箱门几分钟后再取出苹果挞。脱模。用一个大号的盘子盖住苹果挞，迅速地翻转过来，静置几秒钟，让焦糖和苹果完全固定。晾凉后即可食用。

30块饼干

准备时间：15分钟 I 制作时间：20分钟 I 简单 I 经济实惠

传统榛子马卡龙饼干

技巧：传统马卡龙面糊

•

准备食材

制作用具

制作马卡龙面糊

1根香草荚	1把尖刀
125克白砂糖	1个手动打蛋器
3枚大个鸡蛋清	烘焙纸
60克杏仁粉	直径3~4厘米的圆形切模或小杯子
75克榛子粉	1支铅笔
20多粒榛子仁	1把大号汤匙
	1把不锈钢蛋糕刮刀

创新Tips：
可在面糊中添加少许柠檬皮和小块糖渍香橙。用其他干果来替换榛子（碧根果、核桃或者杏仁）。

使用传统马卡龙面糊的其他甜点：
·传统杏仁马卡龙饼干：将一半的榛子粉换成杏仁粉，并加入1汤匙榲桲果冻酱。

准备传统马卡龙面糊。将烤箱预热至170℃。将香草荚纵向剖成两半，用刀尖将香草籽刮出。和白砂糖混合。

在沙拉盆中，搅打蛋白直到它们变成液体并产生轻微的气泡。

向搅打好的蛋白中加入香草味的白砂糖、杏仁粉和榛子粉。搅拌成混合均匀的面糊。

在一大张烘焙纸上，刻出直径3~4厘米的圆圈。

用汤匙在每个刻好的圆圈内放上面糊，并摆上一粒饱满的榛子。

放入烤箱烘焙12~15分钟。马卡龙将变得稍微蓬松，并且干燥。用刮刀将马卡龙小心地脱离烘焙纸，放在烤架上冷却后即可品尝。

6人份

准备时间：10分钟 I 制作时间：30分钟 I 放置时间：4小时 I 简单 I 经济实惠

红酒梨

技巧：转化糖浆

•

准备食材	制作用具
制作转化糖浆	
1根香草荚	1把削皮刀
2颗绿色小豆蔻	1口厚底平底锅
1个柠檬	
1个橙子	
250克黄糖	
2汤匙薰衣草蜂蜜	
1根肉桂棒	
2颗大料	
500毫升水	
制作菜谱	
250毫升红葡萄酒（隆河谷产区的为佳）	1个去核器
6个梨	

Tips：
在制作过程中，糖浆是用来浸透饼干的。

成功秘籍：
可以添加其他调料：姜、芥末、黑胡椒、丁香……
食用时搭配香草冰淇淋（见第70页）。

使用转化糖浆的其他甜点：
· 水果糖浆
· 巴巴朗姆酒蛋糕
· 法式海绵蛋糕

准备糖浆。将香草荚纵向剖成两半。切开小豆蔻。用削皮刀将橙子和柠檬去皮，留下果皮。

在平底锅中，加入黄糖、蜂蜜、小豆蔻，以及橙子和柠檬果皮。倒入500毫升水，煮至沸腾。

倒入红葡萄酒，重新煮至沸腾。

梨去皮，留梗。用去核器或者小尖刀从底部将梨核挖除。

将处理过的梨放入糖浆中，密封，文火煮30分钟。直到用刀尖刺入梨内部没有生硬感。

关火。将梨放在沙拉盆中，加入红酒糖浆调味。放入冰箱冷藏至少4个小时。取出后将红酒梨摆放在甜点盘上，并用橙子皮、柠檬皮或者香料做点缀。

6人份

准备时间：30分钟 I 制作时间：45分钟 I 放置时间：4小时 I 简单 I 经济实惠

李子挞

技巧：杏仁奶油或者杏仁内馅

•

准备食材

制作用具

制作杏仁奶油

100克黄糖
100克室温黄油
2枚鸡蛋
100克杏仁粉

1个手动打蛋器

制作食谱

1张法式挞皮（见第16页）
500克黄杏
2汤匙黄糖
1/2咖啡匙肉桂粉

1个直径25厘米的挞模
1根擀面杖
干豆子（烘焙重石或压派石）

创新Tips：
可以用同样的食谱制作黄香李子挞、青梅挞或
西洋李子挞。也可以用榛子粉代替一半的杏仁
粉。

使用杏仁奶油的其他甜点：
· 带有杏仁奶油馅的国王饼
· 长条形的杏仁皇冠派
· 其他水果挞（苹果、梨、食用大黄、杏、黄
香李子……）

烤箱预热至170℃。准备一张法式挞皮（见第16页）。

不要过度地揉面，否则面团会变得过于僵硬导致其不便于铺平。

1 2 3 4

将面皮放在涂过油的模具里，用餐叉戳出多个小洞，再用烘焙纸覆盖。放入干豆子铺满整个挞底（或烘焙重石），放入烤箱烘烤10分钟。

准备杏仁奶油。在沙拉盆中搅打黄糖和黄油。加入鸡蛋和杏仁粉，持续地搅打直至得到混合均匀的奶油馅。

将杏仁奶油馅铺满挞底。

李子去核后对半切开，再切成1厘米厚度的块状，并均匀码放在挞上。

5 **6**

7 **8**

烤箱预热至170℃，烘焙20~25分钟。杏仁奶油会轻微地膨胀，变成焦黄色。

从烤箱中取出，晾凉后脱模并放在烤架上。在小碗中混合2汤匙黄糖和肉桂粉，撒在李子挞上。冷却后即可食用。

6人份（12个大块可露丽）

准备时间：20分钟 I 制作时间：50分钟 I 放置时间：6小时 I 简单 I 经济实惠

朗姆酒香草可露丽

技巧：可露丽面糊

•

准备食材   制作用具

制作可露丽面糊

2根香草荚	1把尖刀
500毫升全脂鲜牛奶	1口厚底平底锅
100克黄油	1个手动打蛋器
2枚鸡蛋黄	1个面粉筛
150克白砂糖	6个可露丽模具（铜的或者硅胶的）
50毫升棕色朗姆酒	
1撮盐	
175克面粉	

创新Tips：

如果时间充裕的话，最好提前一天准备面团，让香草和朗姆酒完全融入。也可以使用棕色朗姆酒或者威士忌。

准备可露丽面糊。将香草荚纵向剖成两半，用刀尖将香草籽刮出，和白砂糖混合。

平底锅中加入牛奶、一半的黄油和剪好的香草荚，煮至沸腾。关火后静置2个小时。

1 2

3 4

同时，搅打蛋黄和125克白砂糖，直到蛋液变成白色。

在香草牛奶中，加入搅打好的蛋液、朗姆酒和盐。

倒入面粉，不停地搅拌。将混合均匀的面糊过筛。

预热烤箱至250℃。融化剩余的黄油，并涂抹在模具内。撒上白砂糖，放入冰箱中冷冻5分钟，直到黄油凝固。重新刷一遍黄油，加入白砂糖，再次冷冻。

5 **6**

7 **8**

将面糊倒入可露丽模具中，接近填满的位置，放入烤箱中烘焙15分钟。将烤箱温度降至200℃，继续烘焙30分钟。

从烤箱中取出，迅速脱模。放在烤架上冷却。

6人份

准备时间：20分钟 I 制作时间：40分钟 I 放置时间：30分钟 I 简单 I 经济实惠

苹果大黄奶酥派

技巧：奶酥糊

准备食材

制作用具

制作奶酥糊

75克杏仁片
75克室温黄油
75克面粉
75克黄糖

制作食谱

4根食用大黄
4个金冠苹果
1根香草荚
2汤匙黄糖
25克半盐黄油

1把削皮刀
1把尖刀
1个小烤盘

创新Tips：

可以将部分杏仁片替换成榛子粉。
水果可以选用桑葚、梨、榅桲、树莓、黑加仑、葡萄、杏……

使用奶酥糊的其他甜点：

· 将烘焙好的奶酥糊用于开胃菜杯、甜品杯、奶油、水果沙拉……

准备果料。烤箱预热至170℃。苹果削皮，去核，对半切成四块，再切成1厘米边长的方块。切掉大黄根部，再切成1厘米的小段。

将香草荚纵向剖成两半，用刀尖将香草籽刮出，并和2汤匙黄糖搅拌混合。

烤盆内部涂抹黄油，将水果切块放入烤盆中。撒上香草调味的黄糖，并放入烤箱中烘焙20分钟，在烘焙过程中翻拌一次。

准备奶酥糊。在沙拉盆中，用手将杏仁片、黄油、面粉和黄糖混合。用双手手指搅拌挤压从而得到均匀的油酥面糊。

继续混合搅拌油酥面糊，直到面糊开始凝固成一个个小球状。将烤盆从烤箱中取出，均匀地撒上用手指弄碎的油酥面糊。需要包裹住所有的水果。

5

6

重新放入烤箱中烘焙20分钟。油酥面糊呈现出焦黄色，但是不要到处都烤焦。从烤箱中取出后，放入冰箱中冷藏30分钟再食用。

6人份

准备时间：10分钟 | 制作时间：30分钟 | 放置时间：2小时 | 简单 | 经济实惠

香草可丽饼

技巧：可丽饼面糊

•

准备食材

制作用具

制作可丽饼面糊

1根香草荚	1把尖刀
2汤匙黄糖	1个手动打蛋器
2枚鸡蛋	1个面粉筛
150克面粉	1口小平底锅
250毫升全脂鲜牛奶	
25克半盐黄油	

制作食谱

食用植物油	1口中号炒锅

成功秘籍：

如果做出的面糊太厚，可以加入100毫升牛奶或水。另外，可以在面糊中添加1汤匙朗姆酒、或者柠檬、或柑橘的果皮碎调味。
建议与果酱、蜂蜜、柠檬、白砂糖、巧克力等搭配食用。

使用可丽饼面糊的其他甜点：

· 千层蛋糕：在每一张可丽饼上抹上榛子巧克力酱，将所有可丽饼叠加摞在一起，最后在顶端挤上搅打稀奶油和几颗草莓。

准备可丽饼面糊。将香草荚纵向剖成两半，用刀尖将　在沙拉盆中，打入两枚鸡蛋并与黄糖一起搅打。
里面的香草籽刮出。将香草籽和2汤匙黄糖混合。

在搅拌的同时，不断地加入面粉和少许牛奶，直到得　加入所有面粉后，一边搅拌一边倒入剩余的牛奶，最
到浓稠、没有凝块的面糊。　　　　　　　　　　　　后得到一盆浓稠的面糊。将面糊过筛。

在小锅中融化黄油，加热1分钟，然后倒入面糊中。盖上一块布，放入冰箱中冷藏2个小时。取出后重新搅打面糊直到黄油完全融入面糊中。

在平底锅中倒入些许植物油，用厨房用纸将油均匀地涂抹在锅底。将平底锅长时间地加热，直至油快要冒烟。倒入1汤匙面糊，在锅中摊平，煎1分钟。

将可丽饼翻面，再煎1分钟30秒左右，从锅中取出。再次重复制作，直至用完所有的面糊。

6人份

准备时间：30分钟 I 制作时间：1小时50分钟 I 放置时间：8小时 I 简单 I 经济实惠

巧克力布丁挞

技巧：巧克力布丁

•

准备食材

制作用具

制作巧克力布丁

150克黑巧克力（至少含65%的可可）
4枚鸡蛋
200克白砂糖
60克布丁粉
450毫升全脂鲜牛奶
300毫升矿泉水

1个手动打蛋器
1口厚底平底锅

制作食谱

1张法式挞皮（见第16页）

1个直径25厘米的模具
1根擀面杖
干豆子（烘焙重石或者压派石）

创新Tips：
将巧克力换成葡萄干和香草籽，可以用同样的
食谱得到一个纯味法式布丁挞。

使用布丁挞制作的其他甜点：
· 将巧克力改成冷冻浆果

准备布丁。巧克力切碎，放入大盆中。在另一个沙拉盆中打入鸡蛋，并与白砂糖和布丁粉长时间地搅打。

在平底锅中，放入牛奶和水煮至沸腾。将它们倒入准备好的蛋液和白砂糖中，不间断地搅拌。

将所有的混合物倒入平底锅中，中火煮至沸腾，同时不间断地搅打。继续煮3~4分钟直至完全混合。

将煮好的混合物倒在巧克力上，搅拌直至其完全融化。巧克力布丁混合均匀后，用保鲜膜覆盖，放入冰箱中冷藏4个小时。

准备法式挞皮（见第16页）。

将面皮放在涂过油的模具里，用餐叉戳出多个小洞，再用烘焙纸覆盖。放入干豆子铺满整个挞底（或者是烘焙重石），然后烘烤10分钟。

5 6

7

把挞皮从烤箱中取出，撤走烘焙纸和干豆子，重新放入烤箱烘烤10分钟。将烤好的挞皮取出，涂上油。用一把刮刀将巧克力布丁在模具中填满、铺平，并重新烘焙35~40分钟。从烤箱中取出，放入冰箱中冷藏4个小时即可食用。

6人份

准备时间：30分钟 l 制作时间：10分钟 l 放置时间：4小时 l 简单 l 经济实惠

双色棉花糖

技巧：棉花糖糊

•

准备食材   ## 制作用具

制作棉花糖糊

7片吉利丁片   1个手动打蛋器
3枚鸡蛋清   1口厚底平底锅
40克蜂蜜   1把尖刀
250克白砂糖
1小杯水

制作食谱

4汤匙浆汁（见第192页）   1个正方形或者长方形慕斯圈（或者1个模具）
2根香草荚   1把蛋糕抹刀
100克太白粉
100克糖粉

成功秘籍：
将棉花糖放在一个密封的盒子中，可以在冰箱中保存1个星期。

创新Tips：
一些其他成功的双色搭配：
· 香橙/香草
· 百香果/青柠檬
· 芒果/蓝莓
· 血橙/香草

准备棉花糖糊。 在盛有冷水的沙拉盆中浸泡吉利丁片。用手动打蛋器搅打蛋白，直到蛋液双倍膨胀（蛋液应该是白色、起泡的，但并不像蛋白霜一样凝固）。

在平底锅中倒入蜂蜜、白砂糖和一小杯水，煮至沸腾，直至煮出来的焦糖成透明色。如果有温度计，这时的液体应该是130℃。把吉利丁片沥干水分后放入焦糖中。

一边搅打蛋白，一边倒入焦糖，持续地搅打直到棉花糖糊变温热。

将棉花糖糊分别放入两个沙拉盆中。在一个盆中，将棉花糖糊与果浆汁混合在一起。在另一个盆中，放入香草籽，擦净刀尖。

将浆果汁味的棉花糖糊倒入香草味的棉花糖糊中，仔细地混合搅拌1分钟。不需要将它们混合均匀，但需混合出两种颜色。

在慕斯圈底部放上烘焙纸，倒入棉花糖糊。用抹刀将表面抹平，放入冰箱中冷藏1小时。

5 6

7 8

将棉花糖脱模，切成4厘米宽的长条，再切成4厘米边长的小方块。为了使棉花糖不黏在刀背上，每次切的时候将刀背过一遍热水。

将太白粉和糖粉过筛到沙拉盆中，并裹在棉花糖块上。轻轻地将多余的糖粉从棉花糖块上敲掉。

6人份

准备时间：20分钟 Ⅰ 制作时间：45分钟 Ⅰ 放置时间：5小时 Ⅰ 简单 Ⅰ 较贵

法式藏红花香草味烤布蕾

技巧：布蕾奶糊

●

准备食材

制作用具

制作布蕾奶糊

准备食材	制作用具
2根香草荚	1把尖刀
350毫升全脂鲜牛奶	1口厚底平底锅
350毫升液体奶油	1个手动打蛋器
6枚鸡蛋黄	1个细面粉筛
125克白砂糖	6个烤布蕾碗
1小撮藏红花	
75克黄糖	

创新Tips：
可以将藏红花换成开心果碎：将开心果和黄糖
混合，放在布蕾奶糊表面后放入烤箱。

使用烤布蕾的其他甜点：
·烤布蕾可以搭配一系列的食材：
巧克力、咖啡、焦糖、浆果……

准备烤布蕾。将香草荚纵向剖开，用刀尖将里面的香草籽刮出，放入平底锅中。加入香草籽、牛奶和奶油。加入香草荚，煮至沸腾。关火，静置1小时。

同时，用力地搅打蛋黄和白砂糖，直到混合物变成白色。加入藏红花。

重新加热牛奶和奶油的混合液，将搅打好的蛋液通过面粉筛倒入盆中，反复搅打直到所有的食材完全混合在一起。

将烤箱预热至100℃。分别在烤布蕾碗中倒入布蕾奶糊。在托盘中倒入沸水，用水浴法烘焙1小时。

用刀尖刺入烤布蕾内芯确认是否烤熟，抽出后刀刃应该干净、潮湿。如果不是这种情况，继续烘焙直到完全烤熟。从烤箱中取出，放入冰箱中冷藏4小时。

预热烤架。从冰箱中取出烤布蕾，用厨房用纸将表面潮湿的液体吸收掉。在烤布蕾表面撒上黄糖，放在烤架后入烤箱烘焙3~4分钟，直到烤成焦糖状（或者用喷枪）。从烤箱中取出后即可食用。

6人份

准备时间：30分钟　I　制作时间10分钟　I　简单　I　经济实惠

新鲜水果甜点杯

技巧：瓦状面壳

•

准备食材

制作用具

制作瓦状面壳

准备食材	制作用具
125克白砂糖	1只汤匙
75克面粉	6个浅底烤杯
1撮盐	1个直径6厘米的蛋糕圈
75克杏仁碎	1支铅笔
75克室温黄油	
1个橙子的橙汁	

制作食谱

准备食材	制作用具
250克草莓	1把尖刀
125克树莓	1台电动打蛋器
100克醋栗	
125克桑葚	
香草搅打稀奶油（见第156页）	

创新Tips：

在水果中加入少许浆果汁。也可以制作其他种类的水果杯：

· 百香果、芒果

· 葡萄、猕猴桃、菠萝

· 杏、黄桃和水蜜桃

使用瓦状面壳的其他甜点：

· 同样的方法也适用于制作法式烤凤梨，搭配香草或者椰奶冰淇淋。

准备面壳。将烤箱预热至170℃。在沙拉盆中，搅拌 加入橙汁，搅拌面糊直至混合均匀。
白砂糖、面粉、盐、杏仁碎，最后放入黄油搅拌。

1 **2**

3 **4**

在烘焙纸上画出6个直径15厘米的圆圈。将烘焙纸放　　将面糊按照画出的圆圈铺平，留出1厘米的空白。轻
在烤盘上。　　　　　　　　　　　　　　　　　　　　轻地用一只蘸湿的汤匙将面糊抹平。

放入烤箱烘焙10分钟，面壳会变成焦黄色，边缘会被烤成棕色。

从烤箱中取出面壳，迅速地放入烤杯中，摆成篮筐的形状。静置冷却。

将面壳脱模。草莓、醋栗洗净、去梗。分别摆放在面壳中，覆盖上香草搅打稀奶油（见第156页），撒上少许糖粉，即可食用。

橙花味法式油炸糖饼

技巧：糖饼面团

•

准备食材 制作用具

制作糖饼面团

1个完整的橙子 1把礤床儿
250克面粉
1撮盐
30克白砂糖
50克室温黄油
2枚鸡蛋
2汤匙香橙水

制作食谱

油炸用油 1根擀面杖
糖粉（用于撒在表面上） 1把滚轮刀
1口厚底平底锅

成功秘籍：
在油炸的过程中，糖饼应该完全浸入油中。油炸的时候要将它们不停地翻转，否则会漂浮在油上。

创新Tips：
· 可以用可可粉或者香草精代替香橙水来制作糖饼。

准备糖饼面团。用礤床儿将香橙果皮刮出来。

在沙拉盆中，混合面粉、盐、白砂糖和黄油，做出细腻的、混合均匀的黄色油酥。

加入鸡蛋、香橙水和果皮丝，搅拌后揉面直至面糊凝固成一个混合均匀的面团。用保鲜膜包裹，放入冰箱中冷藏1个小时。

将面团在撒有面粉的案板上铺成1厘米厚的面皮。用滚轮刀将面皮切成数个大约10厘米长的菱形。

用刀在每一块糖饼皮的中心划出3厘米的缺口。

在平底锅中加热油，当油温达到170℃时油炸糖饼，并翻转一次（每3~4分钟翻转一次）。直到糖饼变成焦黄色，再继续炸3~4分钟。

用一把漏勺将带油的炸糖饼捞出，放在一个垫上厨房用纸的盘子上吸油。撒上糖粉即可食用。

6人份

准备时间：45分钟 | 制作时间：40分钟 | 静置时间：10小时 | 简单 | 经济实惠

法式巧克力蛋糕

技巧：布朗尼面糊

•

准备食材	制作用具
制作布朗尼面糊	
100克黄油+10克用来涂抹模具 75克黑巧克力 60克面粉 2撮盐 100克黄糖 2枚鸡蛋 75克去皮的榛子碎	1口厚底平底锅 1个底部可撤换的蛋糕模具
制作英式巧克力蛋奶酱	
50克黄糖 150毫升全脂鲜牛奶 150毫升液体全脂奶油 2枚鸡蛋黄 125克黑巧克力 2片吉利丁片	1口厚底平底锅 1个手动打蛋器 1个面粉筛
制作淋面	
200毫升液体全脂奶油 200毫升水 75克白砂糖 250克黑巧克力（至少含65%的可可） 25克软黄油	1把搅拌刮刀

准备英式蛋奶酱（见第**70**页）。当它烤熟后，加入泡软的吉利丁片，将蛋奶酱倒入沙拉盆中。加入切碎的巧克力并搅拌至完全融化。静置冷却。

准备布朗尼。在平底锅中融化黄油，加入完全融化的巧克力。

一次性地放入面粉、盐和黄糖，搅拌均匀。一枚一枚地加入鸡蛋，每加入一枚都要完全搅拌，最后倒入榛子碎。

用黄油涂抹蛋糕模具的内部，倒入布朗尼面糊。烤箱调至180℃烘焙20分钟，取出后静置冷却。

在蛋糕模具中倒入蛋奶酱，并确保它们完全沉入布朗尼面糊中。放入冰箱冷冻4个小时直到奶油凝固。

准备淋面。煮沸奶油、水和白砂糖混合物。关火，加入切碎的巧克力并搅拌至完全融化。加入黄油进行搅打，同样直至融化。

5　6

7

将蛋糕从冰箱里取出，放在烤架上，倒上第一层巧克力淋面，重新放入冰箱冷藏2个小时。再将剩余的巧克力淋面倒在蛋糕上，确保能够覆盖住整个蛋糕（应使蛋糕的表面和周边都看不到奶油和布朗尼）。重新放入冰箱中冷藏4个小时以上。取出后即可食用。

6人份

准备时间：20分钟 I 制作时间：5分钟 I 放置时间：6小时 I 简单 I 经济实惠

焦糖南瓜香草味枫丹白露

技巧：香草搅打稀奶油

•

准备食材	制作用具
制作香草搅打稀奶油	
1根香草荚 200毫升液体全脂奶油 2汤匙糖粉	1把尖刀 1台电动打蛋机
制作食谱	
4汤匙白砂糖 2汤匙南瓜子 400克沥干的枫丹白露软干酪	1口不粘炒锅 1把木质搅拌刮刀

创新Tips：
将南瓜子换成杏仁片、榛子碎或者开心果碎。

什么是枫丹白露软干酪？
这是一款来自枫丹白露的特产奶酪。它呈软慕斯状，是鲜奶酪和奶油搅打出来的混合物。你可以在超市找到它，被白色的细布包裹着。不易长时间保存。在食用前，准备好的食材不要在冰箱中放置超过2个小时。

使用香草味搅打稀奶油的其他甜点：
你可以从这本书中找到很多：
· 香草巧克力泡芙
· 夏洛特浆果蛋糕
· 新鲜水果甜点杯……

打开软干酪包装，静置4个小时，通过细布网沥干。将软干酪放在沙拉盆中，和手动打蛋器一起放入冰箱中，保持奶油很凉的状态。

在无油的炒锅中，用中火将白砂糖融化。一旦糖开始变色，加入南瓜子并用木质的刮刀搅拌。炒1~2分钟，随后倒在一张烘焙纸上。

准备搅打稀奶油。 当奶酪沥干后，将香草荚纵向剖成两半，用刀尖将香草籽刮出，与糖粉混合在一起。

从冰箱中取出沙拉盆，倒入奶油和已混合的糖粉。用手动打蛋器搅打出搅打稀奶油直到浓稠状（当取出手动打蛋器时，顶端部分应该有凝固成形的奶油）。

向搅打稀奶油中加入枫丹白露软干酪，仔细地搅拌直到得到混合均匀的奶糊。

将奶糊分别装入漂亮的杯子或者茶杯中，放入冰箱中冷藏2个小时。

将凝固的南瓜子焦糖掰成块状。在食用之前，装饰在甜点上。

6人份

准备时间：40分钟 I 制作时间：40分钟 I 放置时间：4小时 I 简单 I 经济实惠

维也纳酥饼、南瓜泥和小瑞士奶酪（Petit-suisse）

技巧：维也纳油酥面糊

•

准备食材   制作用具

制作油酥面糊

1根香草荚   1把尖刀
100克糖粉   1个裱花袋
250克室温黄油
1撮盐
2枚蛋白
275克面粉

制作食谱

500克板栗南瓜   1口厚底平底锅
1个橙子的橙汁   1个蔬菜研磨器
2汤匙黄糖   1个裱花袋
100毫升水   烘焙纸
4个小瑞士奶酪（Petit-suisse）
2汤匙枫糖浆

创新Tips：

在油酥中加入肉桂粉或者可可粉来代替香草。

南瓜去皮，切成大方块状，和橙汁、黄糖一起放入平底锅中。加入100毫升水，盖上锅盖煮20分钟。将刀尖刺入南瓜块里，不应该有生硬的感觉。

用蔬菜研磨器的细网制作出南瓜泥。如果南瓜泥太稠，可以加一点之前煮南瓜的水。将南瓜泥分别倒入6只漂亮的杯子或者茶杯中，放入冰箱冷藏2个小时。

在碗中，将小瑞士奶酪和枫糖浆混合在一起，倒入装有圆形裱花嘴的裱花袋中。将奶酪浆覆盖在南瓜泥上面。

准备酥饼面糊。烤箱预热至180℃。将香草荚纵向剖成两半，用刀尖将香草籽刮出。与糖粉混合。

在大沙拉盆中，将黄油、香草味的糖粉和盐搅拌混合。加入蛋白，搅拌均匀。

倒入面粉，当所有食材调料都混合均匀并呈黏稠状后，放入冰箱中冷藏30分钟。

将面糊倒入装有齿状裱花嘴的裱花袋中。在烤盘上铺上烘焙纸，在上面挤出数个7~8厘米长的酥饼。

将酥饼放入烤箱烘焙15分钟，呈现焦糖色。从烤箱中取出，放入冰箱中冷冻。酥饼与南瓜泥搭配食用。

6人份
准备时间：45分钟 I 制作时间：25分钟 I 简单 I 经济实惠

树莓香草双球修女泡芙

技巧：夹心黄油奶油霜

•

准备食材

制作用具

制作夹心黄油奶油霜

2根香草荚
125克白砂糖
2枚鸡蛋+2枚鸡蛋黄
250克室温软黄油

1把尖刀
1个手动打蛋器
1口厚底平底锅

制作泡芙皮

50毫升全脂鲜牛奶
80克黄油
1咖啡匙白砂糖
1撮盐
200毫升水
125克面粉
4枚鸡蛋

1口厚底平底锅
1个手动打蛋器
1个裱花袋

制作卡仕达酱

2根香草荚
500毫升全脂鲜牛奶
4枚鸡蛋黄
100克白砂糖或者黄糖
50克面粉

制作翻糖

200克翻糖（专卖店或网店购买）
4汤匙树莓浆汁（见第192页）

先制作香草味卡仕达酱。将香草荚纵向剖成两半，用刀尖将香草籽刮出，和牛奶一起放入平底锅中加热（见第20页）。冷却后，将奶油糊倒入双层裱花袋中。

准备泡芙皮（见第24页），并做出两种不同大小的泡芙皮：第一种约为乒乓球大小，另一种比第一种大两倍。在170℃的烤箱中烘焙20~25分钟。

1　2　3　4

准备黄油奶油 将香草荚纵向剖成两半，用刀尖将香草籽刮出，与白砂糖混合。在沙拉盆中，打入2枚鸡蛋和2枚蛋黄，加入与香草混合的白砂糖，用力地搅打。

将沙拉盆放在盛有沸水的平底锅上，中火加热。用手动打蛋器搅拌直到蛋液变成白色、膨胀。需要持续搅打至50℃（可以将手指探入奶油中，感到不烫手即可）。

将蒸烤后的奶油糊取出，一边加入小块状的黄油一边搅打，直到黄油全部融化。静置冷却。

在泡芙皮的底部开一个1厘米左右的小口，灌入奶油糊。

在平底锅中，将翻糖和树莓浆汁融化。将泡芙表面浸入1厘米深的树莓奶油糊中，将小的泡芙放在大的泡芙上。

将裱花袋中的奶油倒入装有细齿形裱花嘴的裱花袋。在大泡芙和小泡芙之间挤出一条条小花纹作为装饰。在食用前放入冰箱冷藏保鲜。

6人份

准备时间：15分钟 ╎ 制作时间：10分钟 ╎ 静置时间：4小时 ╎ 简单 ╎ 经济实惠

水果沙拉和意式柠檬奶冻

技巧：意式奶冻

●

准备食材 制作用具

制作意式奶冻

准备食材	制作用具
2根香草荚	1把礤床儿
2个青柠檬	1口厚底平底锅
400毫升液体鲜奶油	1个面粉筛
40克白砂糖	
2片吉利丁片	

制作水果沙拉

准备食材	制作用具
3个百香果	1个蔬菜研磨器
1个熟透的芒果	1把菠萝去皮刀
1个菠萝	
1汤匙黄糖	

创新Tips：
将热带水果替换成浆果沙拉、桃杏李子和黄香李沙拉，同时制作出青柠檬汁，用来给水果沙拉调味。

使用意式奶冻的其他甜点：
·浆果意式奶冻、杏酱意式奶冻、梨汁意式奶冻

准备意式奶冻。将香草荚纵向剖成两半，用刀尖将香草籽刮出。用礤床儿将青柠檬去皮，并保留果皮碎屑。

在平底锅中，将奶油、白砂糖和香草籽加热至沸腾，关火浸泡30分钟。将吉利丁片在冷水中浸泡变软。重新加热奶油，并加入吉利丁片和果皮碎屑，关火。

1 2

3 4

将奶油通过面粉筛分别倒入漂亮的高脚杯或者半高的茶杯中。放入冰箱中冷藏4个小时。

准备水果。将百香果切成两半，把籽挖出放入碗中。用蔬菜研磨器研磨一半。取出碗中的果汁。

芒果去皮。沿着果核将果肉削出，切成边长为0.5厘米的小块。用削皮刀将菠萝去皮，切成四瓣。取出菠萝芯，将每一块菠萝再切成三瓣，随后将它们切成薄片。

在沙拉盆中，混合芒果、菠萝、百香果柠檬汁、剩下的百香果和黄糖。置于室温中浸泡。

在品尝之前，在意式奶冻上倒上一层水果沙拉，即可食用。

6人份

准备时间：35分钟 | 静置时间：4小时 | 制作时间：20分钟 | 简单 | 经济实惠

椰果味布列塔尼酥饼和浆果堆

技巧：布列塔尼油酥面团

•

准备食材	制作用具
制作布列塔尼油酥面团	
1根香草荚	1把尖刀
100克白砂糖	1个手动打蛋器
3枚鸡蛋黄	1个面粉筛
125克黄油	1把搅拌刮刀
200克面粉	
1撮盐	
1袋发酵粉	
制作食谱	
250克草莓	烘焙纸
125克树莓	1根擀面杖
125克桑葚	1个直径12厘米的切模（或1只碗）
1/2个青柠檬	
1汤匙黄糖	
2汤匙椰果碎	

成功秘籍：
如果想做出更加美味的甜品，可以在水果上放一个香草味或椰果味冰淇淋球（见第70页）。

创新Tips：
尝试搭配热带水果，可制作青柠檬味意式奶冻（见第168页）。

使用布列塔尼油酥面团的其他甜点：
· 将布列塔尼酥饼粉碎成饼干碎渣，将它们撒在甜品上享用。还可以当作奶酪蛋糕的饼干底。

准备油酥面团。将香草荚纵向剖成两半，用刀尖将香草籽刮出。与白砂糖混合在一起。

在沙拉盆中，将鸡蛋和香草味白砂糖搅打至发白。加入黄油，把所有食材混合在一起。

将面粉、盐和发酵粉通过面粉筛倒入蛋液中。用刮刀搅拌至面糊完全混合。

将面糊揉成一个面团并用保鲜膜覆盖。放入冰箱中冷藏2个小时。

将草莓洗净、去梗。如果块大的话，可以切成两瓣，同时在沙拉盆中放入树莓、桑葚、青柠檬汁和黄糖。

将烤箱预热至180℃。在烤盘上铺一张烘焙纸，撒上椰果碎，烘焙5~7分钟。当椰果碎开始变成焦黄色，从烤箱中取出，倒入盘子中保存。

5 6

7 8

在撒有面粉的案板上，将面团铺成3~4厘米厚的面饼，用切模切出数个约12厘米的圆形面饼。

将圆形面饼放在铺有烘焙纸的烤架上，放入烤箱烘焙大约15分钟，面饼会稍微蓬松并变成金黄色。从烤箱中取出，放到烤架上冷却。最后将酥饼放入餐盘中，铺上一层浆果，周围浇上少许果汁并撒上椰果碎。

6人份

准备时间：40分钟 ┃ 制作时间：20分钟 ┃ 静置时间：6小时 ┃ 简单 ┃ 经济实惠

柠檬味奶酪蛋糕

技巧：奶酪蛋糕底

●

准备食材

制作用具

制作奶酪蛋糕底

200克油酥面团（见第32页）
75克室温黄油

1把尖刀
1根擀面杖
1个直径约24厘米的蛋糕切模

制作食谱

3片吉利丁片
2枚鸡蛋清
1撮盐
200毫升鲜奶油
50克白砂糖
2个青柠檬
250克鲜奶酪Carré Frais奶酪、
Saint-Môre奶酪或者费城奶酪（Philadelphia）

1个手动打蛋器（或者电动打蛋器）
1口厚底平底锅
1个礤床儿
1台榨汁机

成功秘籍：
可以在奶酪中添加香草籽来丰富味道。也可以用淡奶酪和淡奶油来使整体口味变淡。

使用奶酪蛋糕底的其他甜点：
· 水果味奶酪蛋糕：将青柠檬替换成100毫升的水果浆汁（桃、杏、浆果……）。

准备油酥面团（见第32页），并铺成2毫米厚的面皮。放入预热至180℃的烤箱中，在铺有烘焙纸的烤架上烘焙15分钟，直到变成焦黄色。取出，放在烤架上冷却。

当面皮完全冷却后，在沙拉盆中捣碎，加入切成小块的黄油，搅拌成粘连的油酥碎粒。

将油酥碎粒铺满一个直径约24厘米的蛋糕切模，厚度均匀（也可以使用蛋糕模具或者底部可拆除的挞模）。

准备表面装饰。将吉利丁片在冷水中浸泡变软。加入盐，搅打出十分浓稠的蛋白霜。

在鲜奶油中加入白砂糖，煮沸。关火，加入泡软后的吉利丁片。清洗青柠檬，擦出果皮丝保存，并将柠檬挤汁。

在沙拉盆中，搅拌奶酪、果皮和柠檬汁。加入奶油和蛋清。

5 6

7 8

轻轻地搅拌直到呈现均匀的慕斯状。

将搅拌后的慕斯倒入奶酪蛋糕模上。与饼干底粘连住，并在脱模前放入冰箱中冷藏6个小时，即可食用。

6人份

准备时间：40分钟 I 制作时间：25分钟 I 静置时间：4小时 I 简单 I 经济实惠

巧克力慕斯挞

技巧：糖挞皮

•

准备食材	制作用具

制作糖挞皮

1/2香草荚 1枚鸡蛋 1撮盐 200克面粉 125克黄油 80克糖粉 50克杏仁粉 50克开心果碎（可选）	1把尖刀 1个手动打蛋器

制作巧克力慕斯

1汤匙白砂糖 2汤匙全脂鲜牛奶 120毫升液体奶油 150克黑巧克力（至少含64%的可可） 3枚鸡蛋 25克软黄油	1口厚底平底锅 1个面粉筛 1台电动打蛋机 1把搅拌刮刀

成功秘籍：

在将面团铺平之前，需要静置使其变得非常结实。糖挞皮在甜点挞类的制作中应用很广：巧克力味的、水果味的……

使用糖挞皮的其他甜点：

· 制作水果挞：将巧克力慕斯替换成奶油（见第20页）并加入浆果。

准备糖挞皮。将香草荚纵向剖成两半，用刀尖将香草籽刮出。将香草籽、一枚鸡蛋、盐一起放在碗中，用力地搅打蛋液。

在沙拉盆中，用手指搅拌面粉、黄油、糖粉和杏仁粉，直到这些材料完全粘连。当得到一个混合均匀的油酥面糊时，加入搅打过的蛋液，将面糊揉成面团。

和面并得到一个球状的面团。用保鲜膜包裹放置1小时，直到面团略微变硬，这样能避免在展开面团的时候不会裂开。

将烤箱预热至180℃。将面团铺成2~3毫米厚的面皮，放入已刷油的挞模中。用餐叉戳出多个小洞，放入烤箱烘焙15分钟，挞皮会变成焦黄色。从烤箱中取出，静置冷却。

准备巧克力慕斯（见第12页）。

将慕斯倒入挞模中，用刮刀抹平表面。巧克力慕斯挞必须被完全填满。

5 6

7

将挞直接放在烤架上烘焙7~8分钟。从烤箱中取出慕斯挞，在室温中冷却后即可食用。可以撒上开心果碎来装饰。

6人份

准备时间：45分钟 I 制作时间：40分钟 I 静置时间：5小时 I 有点难度 I 经济实惠

白巧克力和树莓味木桩蛋糕

技巧：达克瓦兹面糊

•

准备食材

制作用具

制作饼干

准备食材	制作用具
100克糖粉	1个面粉筛
80克杏仁粉	1台电动打蛋机
3枚鸡蛋清	1个裱花袋
2汤匙白砂糖	

制作卡仕达酱

准备食材	制作用具
1根香草荚	1口厚底平底锅
500毫升全脂鲜牛奶	1个手动打蛋器
4枚鸡蛋黄	1个蔬菜研磨器
75克白砂糖或者黄糖	1把木质搅拌刮刀
2咖啡匙玉米淀粉	
25克黄油	
200克树莓	
100毫升液体奶油	
250克白巧克力	

创新Tips：
可以尝试用桑葚、草莓或者樱桃，依照同样的食谱制作。

先制作饼干。将烤箱预热至170℃。混合糖粉和杏仁粉，再通过面粉筛倒入沙拉盆中。搅打出蛋白霜，一点一点地加入白砂糖，直至获得浓稠发亮的蛋白霜。

轻轻地搅拌蛋白霜和加糖的杏仁粉。倒入铺了烘焙纸的烤盘中，用刮刀将蛋白霜铺平。

放入烤箱中烘焙15~20分钟。烘焙好的饼干面皮应略微膨胀并变成焦黄色。立即从烤箱中取出，盖上干净的抹布，将它卷起。冷却3个小时。

制作卡仕达酱（见第20页），之后倒入沙拉盆中，盖上一层保鲜膜后冷却。

在小锅中煮一半数量的树莓5分钟。通过装有细网的蔬菜研磨器将树莓研磨成果泥。

将饼干展开，在表面涂上一层卡仕达酱。放入剩余的树莓，并重新将饼干面皮卷起。如果饼干面皮有少许裂纹，不要紧。将饼干卷的两头切平，做成木桩一样，放在烤架上。放入冰箱中冷冻1个小时。

5 6

7 8

在平底锅中，加热奶油和树莓汁至沸腾。关火，加入白巧克力。仔细地用木质搅拌刮刀搅拌，直到获得均匀的巧克力奶糊。

将巧克力奶糊均匀地浇在木桩蛋糕上，将其完全覆盖。再静置至少1个小时，即可食用。

6人份

准备时间：30分钟 Ι 静置时间：4小时 Ι 简单 Ι 经济实惠

咖啡味提拉米苏

技巧：马斯卡彭芝士奶油

•

准备食材

制作用具

制作马斯卡彭芝士奶油

125克马斯卡彭芝士 80克白砂糖 250毫升全脂液体奶油 5枚鸡蛋黄	1台电动打蛋机

制作食谱

12个手指海绵饼干（见第86页） 2~3杯浓缩咖啡 4汤匙咖啡酒 可可粉	1个裱花袋 6个漂亮的茶杯（或玻璃杯）

创新Tips：

可以将咖啡和可可粉替换成草莓汁来制作，那么就使用水果酒或者葡萄酒来代替咖啡酒。

使用马斯卡彭芝士奶油的其他甜点：

·在多种甜点的制作中，你可以使用这种奶油来代替卡仕达酱。但是它保鲜的时间相对来说比较短，因为所含的鸡蛋是生的。

准备马斯卡彭芝士。在沙拉盆中，用打蛋器搅打马斯卡彭芝士和一半的白砂糖。一点一点地倒入液体奶油，同时不间断地搅打。混合后的蛋液应该非常浓稠，有点像搅打稀奶油。

在另一个沙拉盆中，不断地用打蛋器搅打鸡蛋和剩余的白砂糖。混合后的蛋液也应该是非常浓厚的、发白的。

将两种蛋液混合搅拌，重新搅打直到获得浓稠且均匀的奶油糊。

在一只碗中，倒入咖啡和咖啡酒。将手指饼干掰成两半，泡入混合咖啡液中，随后拿出泡软的饼干放入茶杯或者玻璃杯底部。以同样的方法在其余4个杯子中同样制作。

在装有圆形裱花嘴的裱花袋中装满马斯卡彭芝士奶油。将裱花嘴的口夹住并旋转，直到把裱花袋中的空气都挤出。

将裱花袋的空口握在手中，裱花袋头部放入杯子底部。用手挤压裱花袋直到奶油填满杯子的一半。加入另一半泡软的饼干且放入咖啡中。重新旋转着从裱花袋中挤压出奶油，以同样的方式制作出其他4个茶杯。放入冰箱中冷藏4个小时。

食用之前，通过细面粉筛将可可粉筛在甜品上。

6人份

准备时间：20分钟 Ⅰ 制作时间：15分钟 Ⅰ 静置时间：1小时 Ⅰ 简单 Ⅰ 经济实惠

树莓和焦糖开心果味法式吐司

技巧：树莓浆汁

●

准备食材 制作用具

制作浆汁

准备食材	制作用具
500克树莓	1口平底锅
1杯水	1个蔬菜研磨器
1个小个柠檬挤汁	
50克白砂糖	

制作食谱

准备食材	制作用具
4汤匙白砂糖	1口不粘炒锅
2汤匙装饰用的开心果	烘焙纸
1枚鸡蛋	1把冰淇淋匙
100毫升全脂鲜牛奶	1根擀面杖
2汤匙黄糖	
25克半盐黄油	
1包香草味白砂糖	
6片有点变硬的吐司	
500毫升香草冰淇淋（见第70页）	

创新Tips：
将树莓替换成混合浆果的果汁。

使用树莓浆汁的其他甜点：
·可以用来调味酸奶奶酪、冰淇淋杯或者装饰餐盘上的甜点。

先准备浆汁。将树莓和1杯水放入平底锅中，加热至沸腾，盖上锅盖再煮10分钟。

通过装有细孔的蔬菜研磨器研磨树莓，将果泥倒入平底锅中。加入柠檬汁和白砂糖，加热至沸腾并继续煮3分钟，直到白砂糖完全溶解。

准备法式吐司。在不粘锅中放入白砂糖，中火加热直到糖融化并渐渐地变色。

加入开心果并不停地翻炒1分钟，让糖裹住开心果。随后倒在一张烘焙纸上冷却。

在碗中搅打一枚鸡蛋、牛奶和黄糖。在炒锅中，将黄油融化并撒上香草味的白砂糖。一片一片地把吐司片在蛋液中浸泡。

将吐司片放在平底锅上，每面烤1~2分钟，烤到表面呈焦黄色。

5 6

7

在每个甜点盘上放置一片吐司。在吐司片中央放一匙香草冰淇淋球和几汤匙树莓浆汁。用擀面杖粗略地磨碎焦糖开心果，撒在法式吐司上，即可食用。

6人份

准备时间：35分钟 ┃ 静置时间：1小时 ┃ 制作时间：40分钟 ┃ 简单 ┃ 经济实惠

维也纳苹果卷

技巧：可拉伸的面团

●

准备食材

制作用具

制作面团

250克面粉
1撮盐
2枚鸡蛋
100毫升水
80克室温黄油

保鲜膜

制作食谱

50克葡萄干
1小杯卡尔瓦多斯酒（Calvados）
4个金冠苹果
2个考密斯红梨
100克杏仁片
1咖啡匙肉桂粉
100克黄糖
1枚蛋黄用来做裹金

1把削皮刀
1根擀面杖
1块抹布
烘焙纸

创新Tips：
可以使用其他水果，例如食用大黄、树莓、桑葚等，也可以将一部分杏仁片替换成榛子碎。

使用可拉伸面团的其他甜点：
·可以准备一块法式馅饼来代替薄层的面和水果，就像意大利千层面一样。

先准备面团。在沙拉盆中，混合面粉、盐和鸡蛋。一点一点地加入水，和面直到得到一个不粘手的混合均匀的面团。将面团放在撒好面粉的案板上。

将黄油放在面团的中心，重新合上面团，长时间地揉面直到黄油完全融化到面团中。用保鲜膜包裹，并放入冰箱中冷藏1个小时。

准备内馅。在小碗中放入葡萄干和卡尔瓦多斯酒。将苹果和梨削皮，切成四瓣，去核，再切成小块。

将烤箱预热至180℃。将面团在撒有面粉的案板上铺平，展开成2毫米厚的长方形。放在一块撒有面粉的干净抹布上。

用手将面皮拉伸，再换一个方向，直到获得一个很薄的接近透明的面皮。

在面皮上撒上葡萄干、苹果块、梨块、杏仁片、肉桂粉和黄糖。

5　6

7

用抹布将薄饼卷起，并攥紧，放在铺有烘焙纸的烤盘上。在表面刷上搅打过的蛋黄液，放入烤箱烘焙35~40分钟。当卷饼变成焦黄色但还没有被烤糊时，从烤箱中取出卷饼。在切成一块块卷饼之前，撒上少许糖粉，降温后即可食用。可以和英式蛋奶或者香草味冰淇淋搭配（见第70页）。

树莓蛋糕

技巧：海绵蛋糕

•

准备食材 制作用具

制作海绵蛋糕

准备食材	制作用具
4枚新鲜鸡蛋 125克白砂糖 125克面粉 1撮盐	1个手动打蛋器 1口厚底平底锅 1个边长25厘米的正方形蛋糕模具（或者长方形的）

制作黄油奶油

2根香草荚
125克白砂糖
2枚鸡蛋+2枚鸡蛋黄
200克室温黄油

制作意大利美林糖

1枚鸡蛋清
75克白砂糖

制作食谱

准备食材	制作用具
500毫升无酒精糖浆（用来浸透蛋糕） 250克树莓 100克杏仁面团 3汤匙杏酱（这是一款杏果冻，用来将甜点表面抛光；如果没有杏果冻，用苹果或者榅桲果冻也可以）	1把尖刀 1个手动打蛋器 1口厚底平底锅 1台电动打蛋机 1根擀面杖

准备海绵蛋糕。 将烤箱预热至180℃。在沙拉盆中，搅打鸡蛋和白砂糖10分钟，直到混合物膨胀三倍并发白。加入面粉和盐，仔细地搅拌成面糊。

面糊分成相等的两份。将其中一份倒入装有圆形裱花嘴的裱花袋中，轻轻地挤压，并沿着方形模具大小画出一个个长条形。需要让它们紧紧地粘连在一起，不要做成孤立的。如果不用裱花袋，也可以将面糊直接倒在蛋糕模具上。

放入烤箱烘焙20分钟，海绵蛋糕膨胀并变成焦黄色。将蛋糕从烤箱中取出，放在烤架上。开始制作另一半面糊。

准备黄油奶油和意大利美林糖（见第164页和第190页）。将两种配料混合在一起，并用电动打蛋器长时间地搅打，最后得到一个漂亮的气泡奶油糊。

当两块海绵蛋糕都晾凉后，轻轻地除去烘焙纸。将第一块海绵蛋糕放在正方形或长方形蛋糕模具的底部（如果蛋糕过大，需要切除掉多余的部分），并在糖浆中浸透一下（见第110页食谱）。在蛋糕表面涂上一层厚的奶油（至少1厘米），将树莓分撒在奶油上，从周边排到中心。

用剩余的奶油覆盖在树莓上。要将所有的边角都盖上。放上第二块海绵蛋糕并涂抹上糖浆。

用擀面杖将杏仁面团擀成不超过1~2毫米厚的薄面皮。把蛋糕模具当作切模，将面皮按照蛋糕的大小修正，并重新将蛋糕装在模具里。

在小锅中融化杏酱，涂抹在杏仁面皮上，直到表面变成漂亮的橙黄色。放入冰箱中冷藏6个小时再食用。

6人份

准备时间：20分钟 ❙ 制作时间：10分钟 ❙ 静置时间：2小时 ❙ 简单 ❙ 经济实惠

巧克力干果片

技巧：稀释巧克力酱

•

准备食材 制作用具

制作巧克力酱

200克黑巧克力	1口厚底平底锅
	1个厨用温度计
	1把木汤匙
	1把不锈钢汤匙

制作食谱

15颗榛子（装饰用）	1把木质搅拌刮刀
2汤匙生开心果（装饰用）	烘焙纸
1汤匙椰果碎	
4块杏干	
2汤匙葡萄干	

创新Tips：

可以替换或者添加一些食材，例如酸果蔓、碧根果、姜糖块（或者其他水果糖块）等。

将烤箱预热至150℃。在铺有烘焙纸的烤盘上，在一角放上榛子，在另一角放上开心果，在最后一角放上椰果碎。放入烤箱烘焙5分钟。用刮刀将这些干果翻搅一下，然后继续再烘焙5分钟。

从烤箱中取出，从烤盘上撤掉烘焙纸和干果，停止加热。将杏干切成四瓣。

在一张大烘焙纸上，依靠不锈钢圈或者杯子画出直径4厘米的圆圈。

准备巧克力酱。用水浴法融化巧克力，撤掉平底锅，加入剩余的巧克力并不停地用木汤匙搅拌，使巧克力降温。

重新将巧克力按水浴法加热，不停地搅拌直到温度回升。用一把汤匙将巧克力酱倒入之前画好的圆圈中。

分别在每一个巧克力片上放1颗榛子、1颗开心果、1粒葡萄干、1块杏干并轻轻地撒上椰果碎。

等巧克力干果片凝固2个小时，再从烘焙纸上取下并食用。

6人份

准备时间：20分钟 I 制作时间：10分钟 I 静置时间：4小时 I 简单 I 经济实惠

威士忌酒心松露巧克力

技巧：松露巧克力奶糊

•

准备食材　　　　　　　制作用具

制作巧克力奶糊

准备食材	制作用具
1根香草荚	1把尖刀
75克软黄油	用来做水浴法的平底锅
250克黑巧克力	1把木汤匙
2汤匙牛奶	1个长方形的模具
1汤匙威士忌	保鲜膜
100克可可粉	直径3厘米左右的纸杯

创新Tips：
可以尝试使用朗姆酒。选择一款高品质的朗姆酒。

将香草荚纵向剖开两半，用刀尖刮出香草籽。将黄油切成块状并保鲜。

巧克力掰成小块状放入平底锅中，加入鲜牛奶、香草籽和威士忌进行水浴法融化。

开中火，用木汤匙搅拌巧克力奶糊。当一半以上的巧克力融化后，撤掉平底锅，继续搅拌奶糊直到巧克力全部融化。

加入黄油继续搅拌。当巧克力奶糊混合均匀后，倒入一个铺有保鲜膜的长方形模具中，做出一个厚1厘米左右的奶糊。

将巧克力奶糊放入冰箱中冷藏2个小时。取出并脱　　用手掌将巧克力奶糊方块揉成一个个小圆球。
模。将奶糊切成边长略微小于2厘米的方块。

将松露巧克力在可可粉上滚动。随后把它们放在一个个小纸杯中，静置至少2个小时后才可食用。

6人份

准备时间：20分钟 I 制作时间：2小时 I 静置时间：6小时 I 简单 I 有点贵

葡萄酒味焦糖布丁和百里香烤杏

技巧：烘焙糖渍水果

•

准备食材　　　　　　　　制作用具

制作糖渍水果

准备食材	制作用具
12个左右鲜杏	1个小烤盘
2汤匙橄榄油	
4根新鲜的百里香+6根用来做装饰	
2汤匙黄糖	

制作焦糖布丁

准备食材	制作用具
25克软黄油	6个烤盅
150克白砂糖	1口小平底锅
50毫升水	1个手动打蛋器
3枚鸡蛋	
450毫升全脂鲜牛奶	
50毫升索泰尔纳葡萄酒（Sauternes）	

创新Tips：
可以使用不同的低度酒来制作这款甜品：比如穆斯卡特葡萄酒（Muskat）、班涅斯葡萄酒（Banguls）⋯⋯

使用糖渍水果的其他甜点：
· 可以继续使用这道食谱制作出不同的糖渍水果：桃、番茄、李子⋯⋯

准备百里香烤杏。将烤箱预热至150℃。在冷水中洗净杏，去核，切成两半。把它们放在涂过油的烤盘中，撒上百里香枝和黄糖。

放入烤箱烘焙2个小时并时常地浇上一些烤出来的杏汁。百里香烤杏应该是完全烤熟的，带着漂亮的橘黄色。

用黄油涂抹烤盅。在小锅中，放入一半白砂糖和20毫升水，煮至沸腾，并使得白砂糖转化成金棕色的焦糖，不要等到冒烟。

分别将焦糖倒入一个个烤盅的底部即可。

在沙拉盆中，打入鸡蛋和另一半白砂糖，并长时间地搅打。在平底锅中，将牛奶和索泰尔纳葡萄酒煮至沸腾。然后一边将牛奶和酒的混合液倒入蛋液中，一边不断地搅打。

分别将奶糊倒入一个个烤盅里，并放在一个托盘中做水浴烘焙。像烤杏一样烘焙1个小时。

从烤箱中取出，放入冰箱中冷藏6个小时。

用一把小刀的薄薄的刀沿着烤盅的内壁刮开，翻倒在餐盘的中央。在烤布丁周围浇上糖渍烤杏，并用之前保存的新鲜的百里香枝做装饰，即可食用。

称量与相应的标准

食材	1咖啡匙	1汤匙	1果酱杯
黄油	7 g	20 g	–
可可粉	5 g	10 g	90 g
浓稠奶油	1,5 cl	4 cl	20 cl
液体奶油	0,7 cl	2 cl	20 cl
面粉	3 g	10 g	100 g
各种液体（水、油、醋、酒精）	0,7 cl	2 cl	20 cl
玉米淀粉	3 g	10 g	100 g
杏仁粉	6 g	15 g	75 g
葡萄干	8 g	30 g	110 g
大米	7 g	20 g	150 g
盐	5 g	15 g	–
粗糖	5 g	15 g	150 g
糖粉	3 g	10 g	110 g

测量液体的备忘录

1小酒盅 = 3 cl

1咖啡杯 = 8~10 cl

1果酱杯 = 20 cl

1马克杯 = 30 cl

1只碗 = 35 cl

有用的知识：

1枚鸡蛋 = 50 g

1块榛子大小的黄油 = 5 g

1块核桃大小的黄油 = 15~20 g

调节好烤箱的温度：

温度℃	烤箱温度调节器
30	1
60	2
90	3
120	4
150	5
180	6
210	7
240	8
270	9